"十二五"职业教育国家规划教材
经全国职业教育教材审定委员会审定

U0217714

网络操作系统

（Windows Server 2008）

佘运祥　朱海波　刘小华　主编

电子工业出版社
Publishing House of Electronics Industry
北京·BEIJING

内 容 简 介

本书以 Windows Server 2008 为平台，内容包括计算机网络基础知识、建立单位内部网络环境、服务器的管理和维护、构建 DHCP 服务器实现 IP 地址自动分发、构建 DNS 服务器实现用域名访问网页、构建 Web 服务器实现网页发布、构建 FTP 服务器实现文件上传下载、服务器管理与安全、综合实训。每个项目又细分成若干个工作任务。任务设置合理，操作步骤清晰，有利于初学者比较系统地学习 Windows Server 2008 网络操作系统。

本书是计算机网络技术专业的专业核心课程教材，可作为各类计算机网络培训班的教材，还可供中小型企业网建设与管理人员参考。本书配有教学指南、电子教案和案例素材，详见前言。

图书在版编目（CIP）数据

网络操作系统.Windows Server 2008 / 佘运祥，朱海波，刘小华主编. —北京：电子工业出版社，2017.8

ISBN 978-7-121-24907-5

Ⅰ.①网… Ⅱ.①佘… ②朱… ③刘… Ⅲ.①网络操作系统—中等专业学校—教材 Ⅳ.①TP316.8

中国版本图书馆 CIP 数据核字（2014）第 274730 号

策划编辑：关雅莉
责任编辑：柴 灿
印　　刷：北京虎彩文化传播有限公司
装　　订：北京虎彩文化传播有限公司
出版发行：电子工业出版社
　　　　　北京市海淀区万寿路 173 信箱　邮编　100036
开　　本：787×1 092　1/16　印张：13.5　字数：359 千字
版　　次：2017 年 8 月第 1 版
印　　次：2024 年 11 月第 10 次印刷
定　　价：32.00 元

凡所购买电子工业出版社图书有缺损问题，请向购买书店调换。若书店售缺，请与本社发行部联系，联系及邮购电话：（010）88254888，88258888。

质量投诉请发邮件至 zlts@phei.com.cn，盗版侵权举报请发邮件至 dbqq@phei.com.cn。

本书咨询联系方式：（010）88254617，luomn@phei.com.cn。

编审委员会名单

主任委员：

武马群

副主任委员：

王　健　韩立凡　　何文生

委　　员：

丁文慧	丁爱萍	于志博	马广月	马之云	马永芳	马玥桓	王　帅　王　苒
王　彬	王晓姝	王家青	王皓轩	王新萍	方　伟	方松林	孔祥华　龙天才
龙凯明	卢华东	由相宁	史宪美	史晓云	冯理明	冯雪燕	毕建伟　朱文娟
朱海波	向　华	刘　凌	刘小华	刘天真	关　莹	江永春	许昭霞　孙宏仪
苏日太夫	杜　珺	杜宏志	杜秋磊	李　飞	李　娜	李华平	李宇鹏　杨　杰
杨　怡	杨春红	吴　伦	何　琳	佘运祥	邹贵财	沈大林	宋　微　张　平
张　侨	张　玲	张士忠	张文库	张东义	张兴华	张呈江	张建文　张凌杰
张媛媛	陆　沁	陈　玲	陈　颜	陈丁君	陈天翔	陈观诚	陈佳玉　陈泓吉
陈学平	陈道斌	范铭慧	罗　丹	周　鹤	周海峰	庞　震	赵艳莉　赵晨阳
赵增敏	郝俊华	胡　尹	钟　勤	段　欣	段　标	姜全生	钱　峰　徐　宁
徐　兵	高　强	高　静	郭　荔	郭立红	郭朝勇	涂铁军	黄　彦　黄汉军
黄洪杰	崔长华	崔建成	梁　姗	彭仲昆	葛艳玲	董新春	韩雪涛　韩新洲
曾平驿	曾祥民	温　晞	谢世森	赖福生	谭建伟	戴建耘	魏茂林

序 | PROLOGUE

当今是一个信息技术主宰的时代，以计算机应用为核心的信息技术已经渗透到人类活动的各个领域，彻底改变着人类传统的生产、工作、学习、交往、生活和思维方式。和语言和数学等能力一样，信息技术应用能力也已成为人们必须掌握的、最为重要的基本能力。可以说，信息技术应用能力和计算机相关专业，始终是职业教育培养多样化人才，传承技术技能，促进就业创业的重要载体和主要内容。

信息技术的发展，特别是数字媒体、互联网、移动通信等技术的普及应用，使信息技术的应用形态和领域都发生了重大的变化。第一，计算机技术的使用扩展至前所未有的程度，桌面电脑和移动终端（智能手机、平板电脑等）的普及，网络和移动通信技术的发展，使信息的获取、呈现与处理无处不在，人类社会生产、生活的诸多领域已无法脱离信息技术的支持而独立进行。第二，信息媒体处理的数字化衍生出新的信息技术应用领域，如数字影像、计算机平面设计、计算机动漫游戏和虚拟现实等。第三，信息技术与其他业务的应用有机地结合，如商业、金融、交通、物流、加工制造、工业设计、广告传媒和影视娱乐等，使之各自形成了独有的生态体系，综合信息处理、数据分析、智能控制、媒体创意和网络传播等日益成为当前信息技术的主要应用领域，并诞生了云计算、物联网、大数据和 3D 打印等指引未来信息技术应用的发展方向。

信息技术的不断推陈出新及应用领域的综合化和普及化，直接影响着技术、技能型人才的信息技术能力的培养定位，并引领着职业教育领域信息技术或计算机相关专业与课程改革、配套教材的建设，使之不断推陈出新、与时俱进。

2009 年，教育部颁布了《中等职业学校计算机应用基础大纲》。2014 年，教育部在 2010 年新修订的专业目录基础上，相继颁布了"计算机应用、数字媒体技术应用、计算机平面设计、计算机动漫与游戏制作、计算机网络技术、网站建设与管理、软件与信息服务、客户信息服务、计算机速录"等 9 个信息技术类相关专业的教学标准，确定了教学实施及核心课程内容的指导意见。本套教材就是以以上大纲和标准为依据，结合当前最新的信息技术发展趋势和企业应用案例组织开发和编写的。

本套丛书的主要特色

● **对计算机专业类相关课程的教学内容进行重新整合**

本套教材面向学生的基础应用能力，设定了系统操作、文档编辑、网络使用、数据分析、媒体处理、信息交互、外设与移动设备应用、系统维护维修、综合业务运用等内容；针对专业应用能力，根据专业和职业能力方向的不同，结合企业的具体应用业务规划了教材内容。

● **以岗位工作过程来确定学习任务和目标，综合提升学生的专业能力、过程能力和职位差异能力**

本套教材通过以工作过程为导向的教学模式和模块化的知识能力整合结构，力求实现产业需求与专业设置、职业标准与课程内容、生产过程与教学过程、职业资格证书与学历证书、终身学习与职业教育的"五对接"。从学习目标到内容的设计上，本套教材不再仅仅是专业理论内容的复制，而是经由职业岗位实践——工作过程与岗位能力分析——技能知识学习应用内化的学习实训导引和案例。借助知识的重组与技能的强化，达到企业岗位情境和教学内容要求相贯通的课程融合目标。

● **以项目教学和任务案例实训为主线**

本套教材通过项目教学，构建了工作业务的完整流程和岗位能力需求体系。项目的确定应遵循三个基本目标：核心能力的熟练程度，技术更新与延伸的再学习能力，不同业务情境应用的适应性。教材借助以校企合作为基础的实训任务，以应用能力为核心、以案例为线索，通过设立情境、任务解析、引导示范、基础练习、难点解析与知识延伸、能力提升训练和总结评价等环节，引领学习者在完成任务的过程中积累技能、学习知识，并迁移到不同业务情境的任务解决过程中，使学习者在未来可以从容面对不同应用场景的工作岗位。

当前，全国职业教育领域都在深入贯彻全国职教工作会议精神，学习领会中央领导对职业教育的重要批示，全力加快推进现代职业教育。国务院出台的《加快发展现代职业教育的决定》明确提出要"形成适应发展需求、产教深度融合、中职高职衔接、职业教育与普通教育相互沟通，体现终身教育理念，具有中国特色、世界水平的现代职业教育体系"。现代职业教育体系的建立将带来人才培养模式、教育教学方式和办学体制机制的巨大变革，这无疑给职业院校信息技术应用人才培养提出了新的目标。计算机类相关专业的教学必须要适应改革，始终把握技术发展和技术技能人才培养的最新动向，坚持产教融合、校企合作、工学结合、知行合一，为培养出更多适应产业升级转型和经济发展的高素质职业人才做出更大贡献！

前言 | PREFACE

为建立健全教育质量保障体系，提高职业教育教学质量，教育部于 2014 年颁布了中等职业学校专业教学标准（以下简称专业教学标准）。专业教学标准是指导和管理中等职业学校教学工作的主要依据，是保证教育教学质量和人才培养规格的纲领性教学文件。在"教育部办公厅关于公布首批《中等职业学校专业教学标准（试行）》目录的通知"（教职成厅[2014]11 号文）中，强调"专业教学标准是开展专业教学的基本文件，是明确培养目标和规格、组织实施教学、规范教学管理、加强专业建设、开发教材和学习资源的基本依据，是评估教育教学质量的主要标尺，同时也是社会用人单位选用中等职业学校毕业生的重要参考。"

本书特色

本书根据教育部颁发的《中等职业学校专业教学标准（试行）信息技术类（第一辑）》中的相关教学内容和要求编写。

本书以 Windows Server 2008 操作系统为平台，通过分析中小型企业网中服务器搭建和配置的典型案例，规划本课程的具体项目内容，采用"教学项目+工作任务"的形式，按照"项目—任务"两级组织结构设计了计算机网络基础知识、建立单位内部网络环境、服务器的管理和维护、构建 DHCP 服务器实现 IP 地址自动分发、构建 DNS 服务器实现用域名访问网页、构建 Web 服务器实现网页发布、构建 FTP 服务器实现文件上传下载、服务器管理与安全、综合实训 9 个项目，每个项目中按照一定的联系分成不同的任务，最后将所有项目综合成综合案例。

本书根据内容分成 29 个任务，每个任务的设计考虑了中职学生的学习基础和教学环境，重点培养学生的实际动手能力和职业素养，强调"做中学、做中教"。每个任务基本包含"任务背景"、"任务分析"、"任务准备"、"任务实施"、"知识链接"、"任务拓展"、"任务评价"等环节，以提高教学效率。

通过本课程的学习，可使学生掌握计算机网络基础知识、Windows Server 2008 网络操作系统的安装和维护、四大网络服务（DHCP/DNS/Web/FTP）的架设和维护、服务器简单的管理和性能监测等知识和技能。

课时分配

本书参考课时为 64 学时，具体安排见本书配套的电子教案。

本书作者

本书由佘运祥、朱海波、刘小华主编，由于作者水平有限，书中难免有错误和不妥之处，恳请广大师生和读者批评指正。

教学资源

为了提高学习效率和教学效果，方便教师教学，作者为本书配备包括电子教案、教学指南，以及习题参考答案等配套的教学资源。请有此需要的读者登录华信教育资源网免费注册后进行下载，有问题时请在网站留言板留言或与电子工业出版社联系。

编　者

CONTENTS | 目录

项目 1

计算机网络基础知识

项目 1 任务分解图如图 1-1 所示。

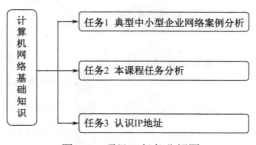

图 1-1 项目 1 任务分解图

一个企业根据自己的规模会设计一个相应的网络,方便员工共享资源和从事网络活动。一个网络管理者的基本要求就是认识网络,了解网络,分析网络的需求,配置相应的网络设备,搭建合理的服务器,分配合理的网络地址,使得网络合理有效。

通过本项目的学习,将认识网络拓扑结构,认识网络服务器,认识网络操作系统,了解 IP 地址如何分类与配置。

工作任务 1 典型中小型企业网络案例分析

任务背景

通过认识海华实业公司网络的基本结构,使学习者具备看懂网络拓扑结构图的能力,看清企业内部由多少个部门组成,每个部门大约有多少台计算机,单位内部网络有哪些网络设备,内部网络有多少台服务器,服务器使用什么操作系统软件。从而学习到一个企业网络的基本组成。

任务分析

作为一名网络管理员，要能看懂一般中小企业的网络拓扑图，了解中小企业网络广域网和局域网的硬/软件组成。

任务准备

（1）学生一人一台计算机，计算机内预装 Vm Box 虚拟机软件，预装 Windows Server 2008 和 Windows 7 虚拟机系统各一，并在虚拟机中挂载 Windows Server 2008 和 Windows 7 操作系统安装光盘镜像。

（2）打开 Vm Box 虚拟机软件，打开预装的 Windows Server 2008 和 Windows 7 虚拟机操作系统。

任务实施

步骤 1　认识一般中小型企业网络

如图 1-2 所示是海华实业网络拓扑图，由路由器、核心交换机、接入交换机及各个部门组成该公司的内部网络。该企业由 4 个部门组成，VLAN 10 代表财务部门，VLAN 1 代表技术部门，VLAN 20 代表销售部门，VLAN 30 代表生产部门。

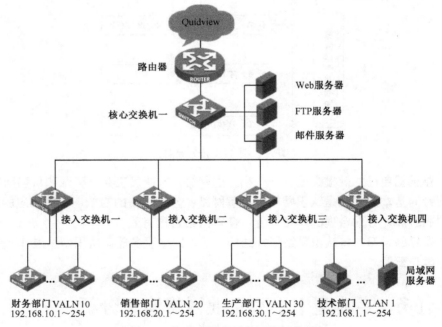

图 1-2　海华实业公司的网络拓扑图

在海华实业公司的网络拓扑图中，网络硬件连接方式是目前网络连接最为常见的方法之一。

步骤 2　了解企业内部局域网的硬件组成

在海华实业公司中构成内部网络的基本要素就是一台服务器和若干客户机通过网线或者无线的方式连接到汇聚层交换机，构成一个简单的局域网硬件环境，如图 1-3 所示。

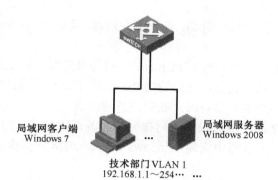

局域网客户端
Windows 7 ... 局域网服务器
Windows 2008

技术部门 VLAN 1
192.168.1.1~254··· ...

图 1-3 局域网内硬件和操作系统

构成网络的基本硬件有服务器、工作站、交换机、传输介质、网卡等。

步骤 3 了解企业内部局域网的软件组成

如果说构成局域网连接硬件是基础的话，那么软件则是"灵魂"。整个局域网在硬件连接正确的情况下，剩下就需要建立局域网的软件环境。软件可以分为系统软件和应用软件，操作系统是系统软件里的基础。通常主要接触的客户端操作系统有单用户多任务桌面系统及在服务器上运行的网络操作系统。

步骤 4 分析海华实业网络广域网的基本业务

海华实业公司企业内部网络中通过路由器实现企业内部网络能与 Internet 相连接。通过如图 1-4 所示可以看到，网络组要提供两方面的服务。一方面海华实业的工作人员通过内网网络提供访问 Internet 外网的网络功能，使得内网的用户可以访问外网大量信息资源，如电子邮件、网络即时通信、网上购物、网页浏览、网络多媒体应用等，同时也能访问内网的网络资源。另一方面，企业内部的大量信息供外网用户使用，如 Web 页面发布、FTP 站点发布、电子邮箱等。

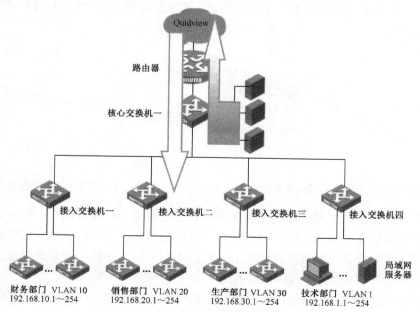

Quidview

路由器
ROUTER

核心交换机一

接入交换机一   接入交换机二   接入交换机三   接入交换机四

局域网
服务器

财务部门 VLAN 10   销售部门 VLAN 20   生产部门 VLAN 30   技术部门 VLAN 1
192.168.10.1~254   192.168.20.1~254   192.168.30.1~254   192.168.1.1~254

图 1-4 海华实业广域网基本业务

以海华实业网络拓扑图中可以看到，中小企业网络广域网的基本业务，主要包括以下两个方面。

（1）企业内部人员要访问广域网（Internet）中的各种资源。首先应建立好硬件环境，对硬件进行设置，使其能与广域网通信（一般通过 ISP 租用地址），从而实现内网访问外网。

（2）外面广域网中用户也可以访问企业中的资源信息。

实现方法：建立网络服务器环境，利用在网络服务提供商（ISP）中租得的地址，配置好广域网服务器，在相应的服务器中安装 Windows Server 2008 网络操作系统，进行各种网络服务的配置。

步骤 5 ▍ 分析海华实业网络局域网的基本业务

海华实业网络局域网（内网）中基本业务主要也是通过局域网内部的网络服务器实现的。在服务器上安装 Windows Server 2008 来实现相应的服务。一般中小企业内网的具体业务如下。

（1）局域网 Web 页面服务，实现内网用户浏览网页。

（2）局域网 FTP 站点发布，实现内网用户文件上传与下载。

（3）局域网共享网络打印机，实现内网用户共享打印机。

（4）局域网共享文件夹，实现局域网内部用户文件的共享。

（5）方便局域网内用户上网，配置动态 IP 地址。

以上内容可能都需要构建的服务有 DNS、FTP、Web、DHCP 等。

知识链接

1．了解网络的分类

（1）家庭单机 ADSL 拨号上网，一般情况下，家庭用户中只需要一台计算机接入网络，如图 1-5 所示。

（2）家庭多机宽带路由器 ADSL 拨号上网，是指家庭用户较多，多台计算机需要同时上网，如图 1-6 所示。

图 1-5　单用户家庭网络拓扑结构

图 1-6　多用户上网家庭拓扑结构

（3）小型局域网是指在某一区域内由多台计算机互联成的计算机组。一般是方圆几千米以内。局域网可以实现文件管理、应用软件共享、打印机共享、工作组内的日程安排、电子邮件和传真通信服务等功能。局域网是封闭型的，可以由办公室内的两台计算机组成，也可以由一个公司内的上百台计算机组成，如图 1-7 所示。

（4）小型局域网接入 Internet，在局域网的基础之上，架设一台路由器，在路由器上配置服务，使得整个局域网能访问 Internet，如图 1-8 所示。

（5）中型企业网接入 Internet，相对小型的局域网接入 Internet，由于公司规模相对大一些，拥有更多的部门，因此需要更多的网络设备来配置这个局域网，如图 1-9 所示。

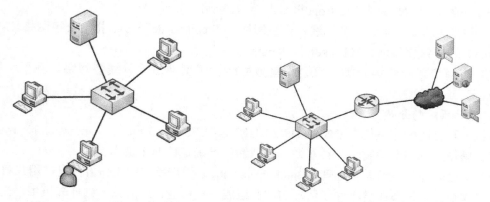

图 1-7　小型企业内部拓扑结构　　　　图 1-8　小型企业网拓扑结构

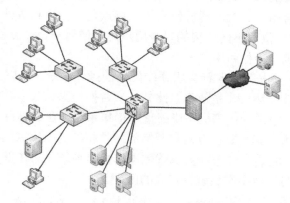

图 1-9　中型企业网拓扑结构

（6）大型网络，一般是指大型规模的企业，拥有的部门非常多，网络需要提供的服务也非常多，要求网络更加稳定，需要提供多种接入方式，如图 1-10 所示。

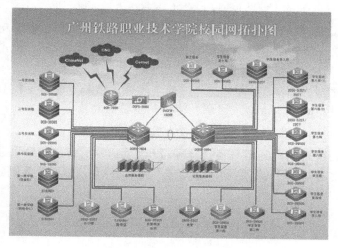

图 1-10　大型网络举例

2．计算机网络的分类

（1）按地理位置分类，可分为局域网（Local Area Network，LAN）、广域网（Wide Area Network，WAN）和城域网（Metropolitan Area Network，MAN）

（2）按交换方式分类，可分为线路交换网络（Circuit Switching）、报文交换网络（Message Switching）和分组交换网络（Packet Switching）。

（3）按网络拓扑结构分类，可分为星型网络、树型网络、总线型网络、环型网络和网状网络。

3．操作系统的分类

微机上常见的操作系统有 DOS、OS/2、UNIX、XENIX、Linux、Windows、Netware 等。但所有的操作系统具有并发性、共享性、虚拟性和不确定性四个基本特征。

（1）批处理操作系统。批处理（Batch Processing）操作系统的工作方式是：用户将作业交给系统操作员，系统操作员将许多用户的作业组成一批作业，之后输入到计算机中，在系统中形成一个自动转接的连续的作业流，然后启动操作系统，系统自动、依次执行每个作业。最后由操作员将作业结果交给用户。批处理操作系统的特点是：多道和成批处理。

（2）分时系统。它支持位于不同终端的多个用户同时使用一台计算机，彼此独立互不干扰，用户感到好像一台计算机全为他所用。

（3）实时操作系统。它是为实时计算机系统配置的操作系统。其主要特点是资源的分配和调度，首先要考虑实时性，然后才是效率。此外，实时操作系统应有较强的容错能力。

（4）网络操作系统。它是为计算机网络配置的操作系统。在其支持下，网络中的各台计算机能互相通信和共享资源。其主要特点是与网络的硬件相结合来完成网络的通信任务。

（5）分布操作系统。它是为分布计算系统配置的操作系统。它在资源管理，通信控制和操作系统的结构等方面都与其他操作系统有较大的区别。

常见的单用户操作系统有 Windows XP、Windows 7、Windows 8、Windows 10 等，常用的网络操作系统有 Windows Server 2003、Windows Server 2008、Linux 操作系统、UNIX 操作系统等。

■ 任务拓展

1．家庭单机 ADSL 拨号上网，Windows 7 操作系统中基本的配置方法：

（1）单击"开始→控制面板→网络和 Internet→网络和共享中心"，单击"设置新的连接或网络"，在打开的对话框中进行设置。

（2）选择"连接到 Internet"，单击"下一步"按钮，选择"宽带（PPPoE）（R）"，输入电信局提供的用户账号和密码，单击"连接"按钮，拨号上网。

2．家庭多机宽带路由器 ADSL 拨号上网的基本配置方法：

把路由器正确连接完成后。在 IE 页面输入 IP 地址，然后弹出一个页面，要求输入用户名和密码，进行基本设置（不同的路由器，可能有不同的页面），然后输入网络服务提供商（ISP）提供的账号和密码。

■ 任务评价

通过本任务的学习，给自己的学习情况打个分吧。

评价指标	评价内容	掌握情况		
		掌握	需复习	需指导
知识点	网络拓扑结构			
	网络的分类			
	服务器			
技能点	认识中型网络拓扑			
	认识服务器			
	企业内部业务分析			
	服务器需求分析			
	服务器种类			
综合自评	满分 100			
综合他评	满分 100			

工作任务 2　本课程任务分析

任务背景

　　作为一个网络管理人员，必须要具有计算机网络的专业知识和专业技能。通过学习《网络综合布线》能对计算机网络进行硬件连接。通过学习《网络设备的配置与调试》能对计算机中的网络设备进行系统配置。通过本课程《网络操作系统使用和管理》的学习，能根据企业的需要进行对企业网络服务的设置。

任务分析

　　了解什么是网络服务器、网络操作系统在网络中的功能、作用等。

任务准备

　　（1）学生一人一台计算机，计算机内预装 Vm Box 虚拟机软件，预装完毕的 Windows Server 2008 和 Windows 7 虚拟机系统各一，并在虚拟机中挂载 Windows Server 2008 和 Windows 7 操作系统安装光盘镜像。

　　（2）打开 Vm Box 虚拟机软件，打开预装的 Windows Server 2008 和 Windows 7 虚拟机操作系统。

任务实施

步骤 1　网络服务器及其作用

　　服务器是网络环境下能为网络用户提供集中计算、信息发表及数据管理等服务的专用计算机。根据不同的计算能力，服务器又分为工作组级服务器、部门级服务器和企业级服务器。

　　从广义上讲，服务器是指网络中能对其他机器提供某些服务的计算机系统（如果一个 PC 对外提供 FTP 服务，也可以叫服务器）。从狭义上来讲，服务器是专指某些高性能计算机，能够通过网络对外提供服务。相对于普通 PC 来说，在稳定性、安全性、性能等方面都要求较高，因此 CPU、芯片组、内存、磁盘系统、网络等硬件和普通 PC 有所不同。

服务器主要提供的服务有：文件服务器，如 Novell 的 NetWare；数据库服务器，如 Oracle 数据库服务器、MySQL、PostgreSQL、Microsoft SQL Server 等；邮件服务器，Sendmail、Postfix、Qmail、Microsoft Exchange、Lotus Domino 等；网页服务器，如 Apache、thttpd、微软的 IIS 等；FTP 服务器，Pureftpd、Proftpd、WU-ftpd、Serv-U、VSFTP 等；应用服务器，如 Bea 公司的 WebLogic、Jboss、Sun 的 GlassFish；代理服务器，如 Squid cache；计算机名称转换服务器，如微软的 WINS 服务器。

步骤 2 认识网络中的服务器

本课程主要学习的就是服务器的搭建与管理，即对网络服务器上操作系统的配置，如图 1-11 所示，即在内网中有服务器，在外网中企业也有服务器，而本课程中的海华实业使用的都是 Windows Server 2008 操作系统。

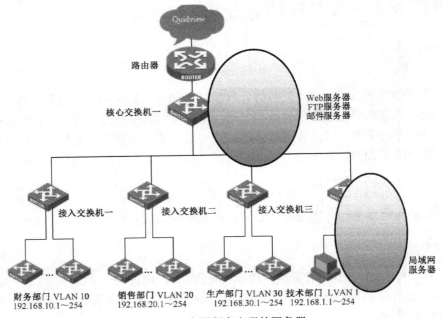

图 1-11　本课程中出现的服务器

实现的功能如下：

① 局域网和广域网中的 Web 页面的发表，实现内外网用户浏览网页。

② 局域网和广域网中的 FTP 站点发布，实现用户文件的上传和下载。

③ 局域网中网络打印机共享，实现内网用户共享打印机。

④ 局域网内用户共享文件夹，实现用户共享文件夹。

⑤ 局域网内动态地址的合理分配使得网络畅通。

知识链接

服务器的可分类：

入门级服务器：最低档服务器，主要用于办公室的文件和打印服务。

工作组级服务器：适于规模较小的网络，适用于为中小企业提供 Web、邮件等服务。

部门级服务器：中档服务器，适合中型企业的数据中心、Web 网站等应用。

企业级服务器：高档服务器，具有超强的数据处理能力，适合作为大型网络数据库服务器。

任务拓展

请同学自己来绘制中小型企业网络的拓扑结构图，并设计网络中需要哪些服务。

任务评价

通过本任务的学习，给自己的学习情况打个分吧。

评价指标	评价内容	掌握情况		
		掌握	需复习	需指导
知识点	网络服务器			
	网络操作系统的功能			
	网络操作系统的作用			
技能点	绘制拓扑图			
	配置一般企业网络服务			
综合自评	满分 100			
综合他评	满分 100			

工作任务 3　认识 IP 地址

任务背景

作为一名网络管理员应该了解 OSI 模型和 TCP/IP 模型的相关理论知识，只有对 IP 地址有足够的了解，才能分配出合理的地址，供企业内部人员正常使用网络，才能合理使用各种网络设备。

任务分析

OSI 的 7 层模型、TCP/IP 参考模型简介、IP 地址基本情况、标准分类、私有地址、标准子网掩码等

任务准备

（1）学生一人一台计算机，计算机内预装 Vm Box 虚拟机软件，预装完毕的 Windows Server 2008 和 Windows 7 虚拟机系统各一，并在虚拟机中挂载 Windows Server 2008 和 Windows 7 操作系统安装光盘镜像。

（2）打开 Vm Box 虚拟机软件，打开预装的 Windows Server 2008 和 Windows 7 虚拟机操作系统。

任务实施

步骤 1 | 认识 OSI 模型和 TCP/IP 模型

OSI 模型，即开放式通信系统互联参考模型（Open System Interconnection，OSI/RM，Open Systems Interconnection Reference Model），是国际标准化组织（ISO）提出的一个试图使各种计算机在世界范围内互联为网络的标准框架，简称 OSI。共分为 7 层，分别是物理层、数据链路层、网络层、传输层、会话层、表示层、应用层。

TCP/IP 参考模型是计算机网络的祖父 ARPANET 和其后继的因特网使用的参考模型。ARPANET 是由美国国防部 DoD（U.S.Department of Defense）赞助的研究网络。逐渐地它通过租用的电话线连接了数百所大学和政府部门。当无线网络和卫星出现以后，现有的协议在和它们相连的时候出现了问题，所以需要一种新的参考体系结构。这个体系结构在它的两个主要协议出现以后，被称为 TCP/IP 参考模型。

步骤 2 | OSI 和 TCP/IP

TCP/IP 是一组用于实现网络互联的通信协议。Internet 网络体系结构以 TCP/IP 为核心。基于 TCP/IP 的参考模型将协议分成四个层次，它们分别是：网络访问层、网际互联层、传输层（主机到主机）和应用层。OSI 和 TCP/IP 模型对比如图 1-12 所示。

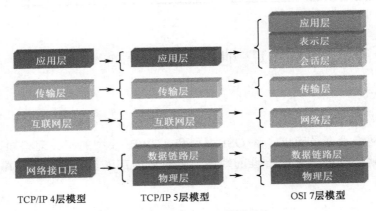

图 1-12　OSI 和 TCP/IP 模型对比

OSI 和 TCP/IP 的共同点：

（1）OSI 参考模型和 TCP/IP 参考模型都采用了层次结构的概念；

（2）都能够提供面向连接和无连接两种通信服务机制。

OSI 和 TCP/IP 的不同点：

（1）前者是七层模型，后者是四层结构；

（2）对可靠性要求不同（后者更高）；

（3）OSI 模型是在协议开发前设计的，具有通用性，TCP/IP 是先有协议集然后建立模型，不适用于非 TCP/IP 网络；

（4）实际市场应用不同（OSI 模型只是理论上的模型，并没有成熟的产品，而 TCP/IP 已经成为"实际上的国际标准"）。

步骤 3 | 数据封装的过程

以发一句"Hello"为例，在网络整个封装的过程如图 1-13 所示。

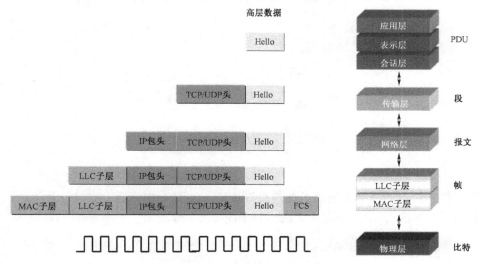

图 1-13　数据封装过程

步骤 4 | 认识 IP 地址

IP 地址（Internet Protocol Address）是一种在 Internet 上的给主机编址的方式，也称为网际协议地址。常见的 IP 地址分为 IPv4 与 IPv6 两大类。

IPv4 就是有 4 段数字，每一段最大不超过 255。由于互联网的蓬勃发展，IP 位址的需求量越来越大，使得 IP 位址的发放愈趋严格。

查看主机 IP 地址的方法。

方法一：

（1）在"开始"菜单的"运行"对话框中输入"cmd"命令。

（2）用 ipconfig/all 命令查看计算机的 IP 地址等网络参数，如图 1-15 所示。

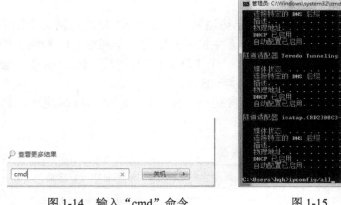

图 1-14　输入"cmd"命令

图 1-15　"ipconfig"命令的返回信息

方法二：

（1）在桌面的右击"网络"，选择"属性"，如图 1-16 所示，在打开的窗口中单击"本地连接"或者"无线网络连接"。

图 1-16　本地连接

（2）在打开的对话框中单击"详细信息"按钮，如图 1-17 所示。

（3）出现详细的 IP 地址情况，如图 1-18 所示。

图 1-17　连接状态

图 1-18　网络详细信息

步骤 5 IP 地址的分类

最初设计互联网络时，为了便于寻址以及层次化构造网络，每个 IP 地址包括两个标识码（ID），即网络 ID 和主机 ID。同一个物理网络上的所有主机都使用同一个网络 ID，网络上的一个主机（包括网络上工作站，服务器和路由器等）有一个主机 ID 与其对应。Internet 委员会定义了 5 种 IP 地址类型以适合不同容量的网络，即 A 类～E 类。

其中 A、B、C 3 类由 InternetNIC 在全球范围内统一分配，D、E 类为特殊地址。具体见表 1-1。

表 1-1　IP 地址分类

网络类别	最大网络数	IP 地址范围	最大主机数	私有 IP 地址范围
A	126（2^7-2）	0.0.0.0～127.255.255.255	16777214	10.0.0.0～10.255.255.255
B	16384（2^14）	128.0.0.0～191.255.255.255	65534	172.16.0.0～172.31.255.255
C	2097152（2^21）	192.0.0.0～223.255.255.255	254	192.168.0.0～192.168.255.255

（1）A 类 IP 地址。

一个 A 类 IP 地址是指，在 IP 地址的四段号码中，第一段号码为网络号码，剩下的三段号码为本地计算机的号码。如果用二进制表示 IP 地址的话，A 类 IP 地址就由 1 字节的网络地址和 3 字节主机地址组成，网络地址的最高位必须是"0"。A 类 IP 地址中网络的标识长度为 8 位，主机标识的长度为 24 位，A 类网络地址数量较少，有 126 个网络，每个网络可以容纳的主机数达 1600 多万台。

A 类 IP 地址的地址范围 1.0.0.0～126.255.255.255（二进制表示为：00000001 00000000000000000 00000000～01111110 11111111 11111111 11111111），最后一个是广播地址。

A 类 IP 地址的子网掩码为 255.0.0.0，每个网络支持的最大主机数为 $256^3-2=16777214$ 台。

（2）B 类 IP 地址。

一个 B 类 IP 地址是指，在 IP 地址的四段号码中，前两段号码为网络号码。如果用二进制表示 IP 地址的话，B 类 IP 地址就由 2 字节的网络地址和 2 字节主机地址组成，网络地址的最高位必须是"10"。B 类 IP 地址中网络的标识长度为 16 位，主机标识的长度为 16 位，B 类网络地址适用于中等规模的网络，有 16384 个网络，每个网络所能容纳的计算机数为 6 万多台。

B 类 IP 地址的地址范围为 128.0.0.0～191.255.255.255（二进制表示为：10000000 00000000 00000000 00000000～10111111 11111111 11111111 11111111）。最后一个是广播地址。

B 类 IP 地址的子网掩码为 255.255.0.0，每个网络支持的最大主机数为 $256^2-2=65534$ 台。

（3）C 类 IP 地址

一个 C 类 IP 地址是指，在 IP 地址的四段号码中，前三段号码为网络号码，剩下的一段号码为本地计算机的号码。如果用二进制表示 IP 地址的话，C 类 IP 地址就由 3 字节的网络地址和 1 字节主机地址组成，网络地址的最高位必须是"110"。C 类 IP 地址中网络的标识长度为 24 位，主机标识的长度为 8 位，C 类网络地址数量较多，有 209 万余个网络。适用于小规模的局域网络，每个网络最多只能包含 254 台计算机。

C 类 IP 地址范围 192.0.0.0～223.255.255.255（二进制表示为：11000000 00000000 00000000 00000000～11011111 11111111 11111111 11111111）。

C 类 IP 地址的子网掩码为 255.255.255.0，每个网络支持的最大主机数为 256-2=254 台。

知识链接

1. TCP/IP 四层具体说明

（1）应用层对应于 OSI 参考模型的高层，为用户提供所需要的各种服务，例如：FTP、Telnet、DNS、SMTP 等。

（2）传输层对应于 OSI 参考模型的传输层，为应用层实体提供端到端的通信功能，保证了数据包的顺序传送及数据的完整性。该层定义了两个主要的协议：传输控制协议（TCP）和用户数据报协议（UDP）。

TCP 协议提供的是一种可靠的、通过"三次握手"来连接的数据传输服务；而 UDP 协议提供的则是不保证可靠的（并不是不可靠）、无连接的数据传输服务。

（3）网际互联层对应于 OSI 参考模型的网络层，主要解决主机到主机的通信问题。它所包含的协议设计数据包在整个网络上的逻辑传输。注重重新赋予主机一个 IP 地址来完成对主机的寻址，它还负责数据包在多种网络中的路由。该层有三个主要协议：网际协议（IP）、互联网组管理协议（IGMP）和互联网控制报文协议（ICMP）。

IP 协议是网际互联层最重要的协议，它提供的是一个可靠、无连接的数据报传递服务。

（4）网络接入层与 OSI 参考模型中的物理层和数据链路层相对应。它负责监视数据在主机和网络之间的交换。事实上，TCP/IP 本身并未定义该层的协议，而由参与互联的各网络使用自己的物理层和数据链路层协议，然后与 TCP/IP 的网络接入层进行连接。地址解析协议（ARP）工作在此层，即 OSI 参考模型的数据链路层。

2．IP 地址的组成

网络标识（网络 ID）。主机标识（主机 ID）完整的 IP 由一组 32 位二进制数组成，每 8 位为一个段，共分为 4 段，段与段之间用"."分开，这是点分二进制，如果转成十进制就是点分十进制，如图 1-19 所示。

图 1-19 IP 地址的组成

3．D 类 IP 地址

D 类 IP 地址在历史上被叫做多播地址（Multicast Address），即组播地址。在以太网中，多播地址命名了一组应该在这个网络中应用接收到一个分组的站点。多播地址的最高位必须是"1110"，范围从 224.0.0.0～239.255.255.255。

4．特殊 IP 地址

（1）每一个字节都为 0 的地址（"0.0.0.0"）对应于当前主机；

（2）IP 地址中的每一个字节都为 1 的 IP 地址（"255、255、255、255"）是当前子网的广播地址；

（3）IP 地址中凡是以"11110"开头的 E 类 IP 地址都保留用于将来和实验使用。

（4）IP 地址中不能以十进制"127"作为开头，该类地址中数字 127.0.0.1～127.255.255.255 用于回路测试，如：127.0.0.1 可以代表本机 IP 地址，用"http://127.0.0.1"就可以测试本机中配置的 Web 服务器。

（5）网络 ID 的第一个 8 位组也不能全置为"0"，全"0"表示本地网络。

5．IPv4 和 IPv6

现有的互联网是在 IPv4 协议的基础上运行的。IPv6 是下一版本的互联网协议，也可以说是下一代互联网的协议，它的提出最初是因为随着互联网的迅速发展，IPv4 定义的有限地址空间将被耗尽，而地址空间的不足必将妨碍互联网的进一步发展。为了扩大地址空间，拟通过 IPv6 以重新定义地址空间。IPv4 采用 32 位地址长度，只有大约 43 亿个地址，而 IPv6 采用 128 位地址长度，几乎可以不受限制地提供地址。在 IPv6 的设计过程中除解决了地址短缺问题以外，还考虑了在 IPv4 中解决不好的其他一些问题，主要有端到端 IP 连接、服务质量（QoS）、安全性、多播、移动性、即插即用等。

与 IPv4 相比，IPv6 主要有如下一些优势。

第一，明显地扩大了地址空间。IPv6 采用 128 位地址长度，几乎可以不受限制地提供 IP 地址，从而确保了端到端连接的可能性。

第二，提高了网络的整体吞吐量。由于 IPv6 的数据包可以远远超过 64K 字节，应用程序可以利用最大传输单元（MTU），获得更快、更可靠的数据传输，同时在设计上改进了选路结构，采用简化的报头定长结构和更合理的分段方法，使路由器加快数据包处理速度，提高了转发效率，从而提高网络的整体吞吐量。

第三，使得整个服务质量得到很大改善。报头中的业务级别和流标记通过路由器的配置可以实现优先级控制和 QoS 保障，从而极大改善了 IPv6 的服务质量。

第四，安全性有了更好的保证。采用 IPSec 可以为上层协议和应用提供有效的端到端安全保证，能提高在路由器水平上的安全性。

第五，支持即插即用和移动性。设备接入网络时通过自动配置可自动获取 IP 地址和必要的参数，实现即插即用，简化了网络管理，易于支持移动节点。而且 IPv6 不仅从 IPv4 中借鉴了许多概念和术语，它还定义了许多移动 IPv6 所需的新功能。

第六，更好地实现了多播功能。在 IPv6 的多播功能中增加了"范围"和"标志"，限定了路由范围和可以区分永久性与临时性地址，更有利于多播功能的实现。

随着互联网的飞速发展和互联网用户对服务水平要求的不断提高，IPv6 在全球将会越来越受到重视。

任务拓展

IPv6 的认识

1．IPv6 的定义

IPv6 是 IETF（Internet Engineering Task Force，互联网工程任务组）设计的用于替代现行版本 IP 协议 IPv4 的下一代 IP 协议，它由 128 位二进制数码表示。

2．IPv6 的特点

（1）IPV6 地址长度为 128 位，地址空间增大了 2^{96} 倍；

（2）灵活的 IP 报文头部格式。使用一系列固定格式的扩展头部取代了 IPv4 中可变长度的选项字段。IPv6 中选项部分的出现方式也有所变化，使路由器可以简单路过选项而不做任何处理，加快了报文处理速度；

（3）IPv6 简化了报文头部格式，字段只有 8 个，加快报文转发，提高了吞吐量；

（4）提高安全性。身份认证和隐私权是 IPv6 的关键特性；

（5）支持更多的服务类型；

（6）允许协议继续演变，增加新的功能，使之适应未来技术的发展。

3．IPv6 的表示方法

IPv6 地址为 128 位长，但通常写作 8 组，每组为四个十六进制数的形式。例如：

FE80：0000：0000：0000：0000：AAAA：0000：00C2：0002 是一个合法的 IPv6 地址。

IPv6 网络地址和 IPv4 网络地址的转化关系

如果这个地址看起来还是太长，这里还有种办法来缩减其长度，叫做零压缩法。如果几个连续段位的值都是 0，那么这些 0 就可以简单地以：：来表示，上述地址就可以写成 FE80：：AAAA：0000：00C2：0002。这里要注意的是只能简化连续段位的 0，其前后的 0 都要保留，比如 FE80 最后的这个 0，不能被简化。还有这个只能用一次，在上例中的 AAAA 后面的 0000 就不能再次简化。当然也可以在 AAAA 后面使用：：，这样前面的 12 个 0 就不能压缩了。这个限制的目的是为了能准确还原被压缩的 0.不然就无法确定每个：：代表了多少个 0。

2001：0DB8：0000：0000：0000：0000：1428：0000

2001：0DB8：0000：0000：0000：：1428：0000

2001：0DB8：0：0：0：0：1428：0000

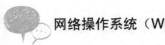

2001：0DB8：0：：0：0：1428：0000

2001：0DB8：：1428：0000

都是合法的地址，并且它们是等价的。

2001：0DB8：：1428：：是非法的。（因为这样会使得搞不清楚每个压缩中有几个全零的分组）

同时前导的零可以省略，因此：

2001：0DB8：02de：：0e13 等价于 2001：DB8：2de：e13

一个 IPv6 地址可以将一个 IPv4 地址内嵌进去，并且写成 IPv6 形式和平常习惯的 IPv4 形式的混合体。IPv6 有两种内嵌 IPv4 的方式：IPv4 映像地址和 IPv4 兼容地址。

IPv4 映像地址有如下格式：：：ffff：192.168.89.9

这个地址仍然是一个 IPv6 地址，只是 0000：0000：0000：0000：0000：ffff：c0a8：5909 的另外一种写法。IPv4 映像地址布局如下：

| 80bits |16 | 32bits |

0000...................0000 | FFFF | IPv4 address |

IPv4 兼容地址写法如下：：：192.168.89.9

如同 IPv4 映像地址，这个地址仍然是一个 IPv6 地址，只是 0000：0000：0000：0000：0000：0000：c0a8：5909 的另外一种写法。IPv4 兼容地址布局如下：

| 80bits |16 | 32bits |

0000...................0000 | 0000 | IPv4 address |

任务评价

通过本任务的学习，给自己的学习情况打个分吧。

评价指标	评价内容	掌握情况		
		掌握	需复习	需指导
知识点	协议模型			
	IP 地址版本			
	IPv4 的分类			
技能点	IPv4 地址的查看			
	IPv4 地址的设置			
	IPv6 的组成			
综合自评	满分 100			
综合他评	满分 100			

思考与练习

一、选择题

1. 下面是网络硬件的组成主要有（　　　）。

　　A．服务器　　　　　B．工作站　　　　　C．路由器　　　　　D．交换机

　　E．传输介质　　　F．网卡　　　　　G．交换机

2. 下面的操作系统是网络操作系统的是（　　　）。

　　A．Windows XP　　　B．Windows Server 系列　　　　　C．Microsoft Office

      D．Linux   E．UNIX

3．网络中 Lan 的含义是（   ）。

      A．广域网   B．局域网   C．城域网   D．以上都不是

4．下面的 IP 地址中是 C 类地址的是（   ）。

      A．192.168.1.1   B．172.16.1.1   C．129.1.1.1   D．61.63.1.2

二、填空题

1．在 Windows 7 中运行命令＿＿＿＿＿＿＿＿＿＿可打开"命令提示符"对话框。

2．计算机网络中最典型的二层设备有＿＿＿＿＿＿＿＿，最典型的三层设备有＿＿＿＿＿＿。

3．在 OSI 参考模型中，负责对网络间的计算机寻址的是＿＿＿＿＿＿＿。

4．一个 C 类的网络地址最多可以有＿＿＿＿＿＿台公网主机地址。

三、简答题

1．按照举例的划分，计算机网络可以分为哪三大网络？

2．网络操作系统有哪些？

3．IP 地址的组成与分类？

4．OSI 模型与 TCP/IP 模型的比较？

四、实训题

在一台 Windows Server 2008 服务器和一台 Windows 7 工作站组成的局域网实训环境中，分别设置 IP 地址为 192.168.1.1/24 和 192.168.1.254/24。

项目 2

建立单位内部网络环境

项目 2 任务分解图如图 2-1 所示。

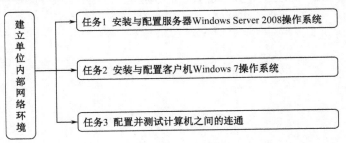

图 2-1　项目 2 任务分解图

　　一个小的局域网可以很简单，一台服务器和一台交换机连接，同时客户机也与这台交换机连接。在简单的物理环境中，如果要让整个局域网正常工作，接下来就需要搭建软件环境，比如在服务安装 Windows Server 2008 网络操作系统，在客户机端安装 Windows 7 操作系统。配置适当的网络连接。

　　通过本项目的学习，将学会服务器的安装，以及安装好服务器后能配置操作系统，使得计算机和服务器之间能连通。

工作任务1　安装与配置服务器Windows Server 2008操作系统

任务背景

　　通过认识海华实业企业内部办公室网络的互联，以及要实现能访问本企业服务器这一问题，要对这样一个小的网络进行管理，首先需要管理者在服务器上安装操作系统。

任务分析

作为一个网络管理员，要能对服务器进行规划以及服务器端 Windows Server 2008 网络操作系统的安装。

任务准备

（1）学生一人一台计算机，计算机内预装 Vm Box 虚拟机软件，预装完毕的 Windows Server 2008 和 Windows 7 虚拟机系统各一，并在虚拟机中挂载 Windows Server 2008 和 Windows 7 操作系统安装光盘镜像。

（2）打开 Vm Box 虚拟机软件，打开预装的 Windows Server 2008 和 Windows 7 虚拟机操作系统。

任务实施

步骤 1　前期准备

1. 企业在搭建一个网络时一般会提出以下基本的要求：
（1）企业要构建一台服务器用于提供各种网络服务。
（2）需要选择合适的版本。
（3）需要在无人值守的情况下安装另一台 Server。
（4）要求能够对其作基本设置，方便以后的操作
2. 而我们在搭建时需要考虑以下具体的设置：
（1）确定网络操作系统，如是 Windows Server 2008、Linux 操作系统等。
（2）确定磁盘的分区个数和分区大小。
（3）确定文件系统，如：FAT、FAT32、NTFS 文件系统。
（4）确定服务器的计算机名。
（5）确定服务器的 IP 地址。
3. 海华实业公司企业内部局域网服务器的规划如下。

项目	项目参数的选择
操作系统	Windows Server 2008
磁盘分区	1
文件系统	NTFS
计算机名称	HHserver
IP 地址	192.168.1.100

步骤 2　安装 Windows Server 2008 网络操作系统

Windows Server 2008 Beta3 提供了三种安装方法：用安装光盘引导启动安装；从现有操作系统上全新安装；从现有操作系统上升级安装。下面我们具体介绍用光盘引导启动安装。

（1）将电脑第一启动设置为光驱启动，由于主板厂商的不同，我们无法确定您的设定方式与我们完全相同，所以本部分请使用者自行参考主板说明书的"BIOS 配置设定"进行

操作。

（2）正在启动安装程序，加载 boot.wim，启动 PE 环境，如图 2-2 所示。

图 2-2　系统安装首界面

（3）安装程序启动，选择您要安装的语言类型，同时选择适合自己的时间和货币显示种类，键盘和输入方式。

（4）点击"现在安装"，开始安装程序。

（5）输入"产品密钥"，接受许可协议。

（6）选择安装类型，"升级"或"自定义（推荐）"。

（7）设置安装分区。安装 Windows Server 2008 需要一个干净的大容量分区，否则安装之后分区容量就会变得很紧张。需要特别注意的是，Windows Server 2008 只能被安装在 NTFS 格式的分区下，并且分区剩余空间必须大于 8GB。如果您使用了一些比较不常见的存储子系统，例如 SCSI、RAID 或者特殊的 SATA 硬盘，安装程序无法识别您的硬盘，那么需要在这里提供驱动程序。单击"加载驱动程序"图标，然后按照屏幕上的提示提供驱动程序，即可继续进行安装。当然，安装好驱动程序后，可能还需要单击"刷新"按钮让安装程序重新搜索硬盘。如果您的硬盘是全新的，还没有使用过，硬盘上没有任何分区以及数据，那么接下来还需要在硬盘上创建分区。这时候可以单击"驱动器选项（高级）"按钮新建分区或者删除现有分区（如果是老硬盘的话）。同时，也可以在"驱动器选项（高级）"中进行磁盘操作，如删除、新建分区，格式化分区，扩展分区等。

（8）进入安装过程界面，如图 2-3 所示。

（9）安装过程中会有两次重启，图 2-4 是第一次重启后最后完成安装过程。

（10）出现第一次登录界面，如图 2-5 所示。第一次登录必须设置或修改密码，如图 2-6 所示。注意设置密码的规则有以下几点：

①包含大写字母；②包含小写字母；③包含数字；④长度大于等于 8。

图 2-3　安装过程中文件复制界面

图 2-4　完成安装

图 2-5　首次登录密码设置

图 2-6　首次登录密码设置完成

（11）设置好密码后单击"确定"按钮进入准备用户界面，最后安装好的 Windows Server 2008 界面如图 2-7 所示。

（12）第一次启动时操作系统会要求管理员对计算机进行一些最基本的配置，修改计算机的 IP 地址。单击"配置网络"可以将计算机 IP 设置成为 192.168.1.100/24，如图 2-8 所示。

（13）可以单击"提供计算机名和域"，修改计算机名。注意修改计算机名后需重启计算机才能生效，如图 2-9 所示。

图 2-7　安装完成界面

图 2-8　初始配置 IP 地址

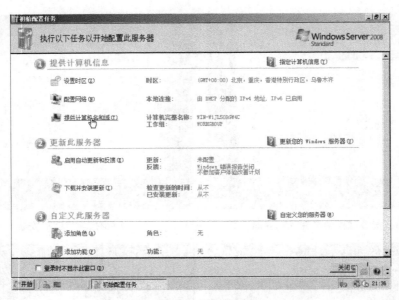

图 2-9　初始配置计算机名

知识链接

1. 网络操作系统的分类

网络操作系统（NOS）是网络的心脏和灵魂，是向网络计算机提供服务的特殊的操作系统。它在计算机操作系统下工作，使计算机操作系统增加了网络操作所需要的能力。网络操作系统运行在称为服务器的计算机上，并由联网的计算机用户共享，这类用户称为客户。

（1）Windows 类。

该类操作系统是全球最大的软件开发商——Microsoft（微软）公司开发的。微软公司的 Windows 系统不仅在个人操作系统中占有绝对优势，它在网络操作系统中也是具有非常强劲的力量。这类操作系统在整个局域网配置中是最常见的，但由于它对服务器的硬件要求较高，且稳定性能不是很高，所以微软的网络操作系统一般只是用在中低档服务器中，高端服务器通常采用 UNIX、Linux 或 Solaris 等非 Windows 操作系统。在局域网中，微软的网络操作系统主要有：Windows NT 4.0 Serve、Windows 2000 Server/Advance Server，Windows 2003 Server/ Advance Server，以及 Windows Server 2008 等

（2）NetWare 类。NetWare 操作系统仍以对网络硬件的要求较低（工作站只要是 286 机就可以了）而受到一些设备比较落后的中、小型企业，特别是学校的青睐。目前常用的版本有 3.11、3.12 和 4.10、V4.11，V5.0 等中英文版本，NetWare 服务器对无盘站和游戏的支持较好，常用于教学网和游戏厅。

（3）UNIX 系统。目前常用的 UNIX 系统版本主要有：UNIX SUR4.0、HP-UX 11.0，SUN 的 Solaris8.0 等。支持网络文件系统服务，提供数据等应用，功能强大，由 AT&T 和 SCO 公司推出。这种网络操作系统的稳定性和安全性能非常好，但由于它多数是以命令方式来进行操作的，不容易掌握。正因如此，小型局域网基本不使用 UNIX 作为网络操作系统，UNIX 一般用于大型的网站或大型的企、事业局域网中。

（4）Linux。这是一种新型的网络操作系统，它的最大特点就是源代码开放，可以免费得到许多应用程序。目前也有中文版本的 Linux，如 REDHAT（红帽子），红旗 Linux 等。在国内 Linux 得到了用户充分的肯定，主要体现在它的安全性和稳定性方面，它与 UNIX 有许多类似之处。但目前这类操作系统主要应用于中、高档服务器中。

2．Windows Server 2008 的版本

Windows Server 2008 发行了多种版本，以支持各种规模的企业对服务器不断变化的需求。Windows Server 2008 有 5 种不同版本，另外还有三个不支持 Windows Server Hyper-V 技术的版本，因此总共有 8 种版本。

Windows Server 2008 Standard 是迄今最稳固的 Windows Server 操作系统，其内置的强化 Web 和虚拟化功能，是专为增加服务器基础架构的可靠性和弹性而设计的，亦可节省时间及降低成本。

Windows Server 2008 Enterprise 可提供企业级平台，部署企业关键应用。其所具备的群集和热添加（Hot-Add）处理器功能，可协助改善可用性，而整合的身份管理功能，可协助改善安全性，利用虚拟化授权权限整合应用程序，则可减少基础架构的成本，因此 Windows Server 2008 Enterprise 能为高度动态、可扩充的 IT 基础架构提供良好的基础。

Windows Server 2008 Datacenter 所提供的企业级平台，可在小型和大型服务器上部署企业关键应用及大规模的虚拟化。其所具备的群集和动态硬件分割功能，可改善可用性，而通过无限制的虚拟化许可授权来巩固应用，可减少基础架构的成本。此外，此版本亦可支持 2～64 颗处理器，因此 Windows Server 2008 Datacenter 能够提供良好的基础，用以建立企业级虚拟化和扩充解决方案。

Windows Web Server 2008 是特别为单一用途 Web 服务器而设计的系统，而且是建立在下一代 Windows Server 2008 中，其整合了重新设计架构的 IIS 7.0、ASP .NET 和 Microsoft NET Framework，以便提供任何企业快速部署网页、网站、Web 应用程序和 Web 服务。

Windows Server 2008 for Itanium-Based Systems 已针对大型数据库、各种企业和自订应用程序进行优化，可提供高可用性和多达 64 颗处理器的可扩充性，能符合高要求且具关键性的解决方案的需求。

Windows HPC Server 2008 是下一代高性能计算（HPC）平台，可提供企业级的工具给高生产力的 HPC 环境，由于其建立于 Windows Server 2008 及 64 位元技术上，因此可有效地扩充至数以千计的处理器，并可提供集中管理控制台，协助您主动监督和维护系统健康状况及稳定性。其所具备的灵活的作业调度功能，可让 Windows 和 Linux 的 HPC 平台间进行整合，亦可支持批量作业以及服务。

任务拓展

1．第一次为 Windows Server 2008 配置 IP 地址。

（1）在弹出的初始任务配置页面中单击"配置网络"。

（2）在弹出的界面中选择"本地连接"，单击鼠标右键，选择"属性"，如图 2-10 所示。

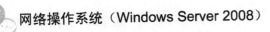
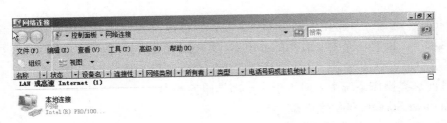

图 2-10　本地网络

（3）在弹出的界面中选择"Internet 协议版本 4（TCP/IPv4）"，如图 2-11 所示。

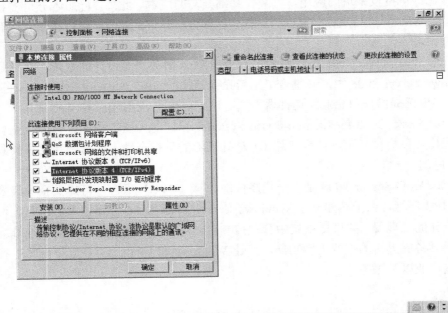

图 2-11　选择"Internet 协议版本 4（TCP/IPv4）"

（4）设置海华实业内网服务器的 IP 地址为 192.168.1.100，如图 2-12 所示。

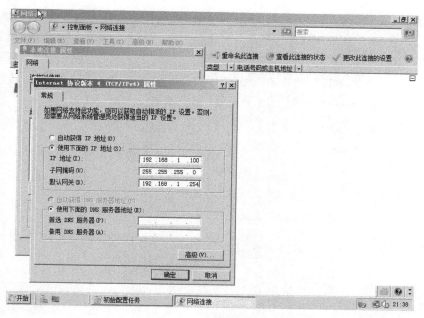

图 2-12 设置 IP 地址

2．第一次为 Windows Server 2008 修改计算机名

（1）在弹出的"初始配置任务"页面中单击"提供计算机名和域"。

（2）在弹出的"系统属性"对话框中，单击"计算机名"选项卡，单击"更改"按钮，如图 2.13 所示。

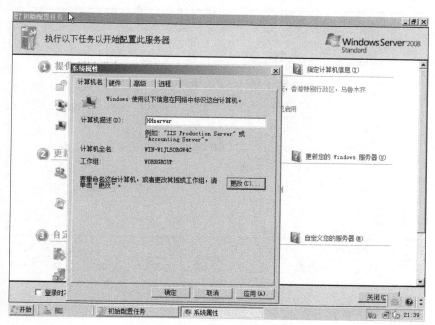

图 2-13 "系统属性"对话框

（3）输入相应的服务器计算机名，如图 2-14 所示。

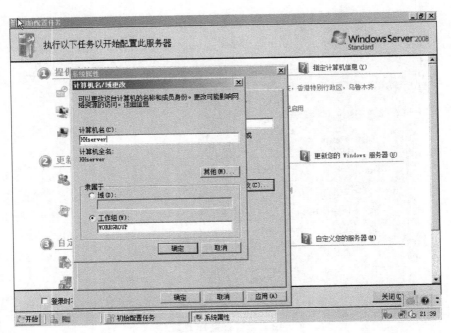

图 2-14　输入计算机名

（4）输入完毕后需要重启计算机才能生效，如图 2-15 所示。

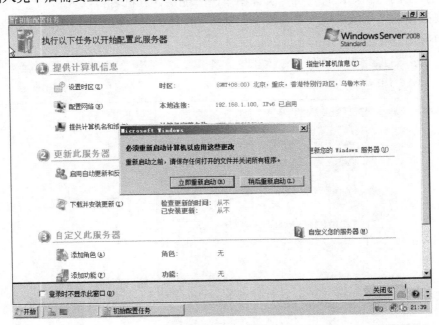

图 2-15　重启计算机

任务评价

通过本任务的学习，给自己的学习情况打个分吧。

评价指标	评价内容	掌握情况		
		掌握	需复习	需指导
知识点	服务器规划			
	系统的安装			
	系统的初始化设置			
技能点	网络操作系统的安装			
	硬盘分区			
	IP 地址设置			
	修改计算机名			
综合自评	满分 100 分			
综合他评	满分 100 分			

工作任务 2　安装与配置客户机 Windows 7 操作系统

任务背景

　　在企业的局域网中，除了服务器，客户端是重要的组成部分，一个企业有一台较高性能的计算机作为服务内网的服务器，而另外若干用户计算机就是客户端，为了提高公司网络管理的效率，我们在服务器端安装了 Windows Server 2008 操作系统，还需要在客户机端安装 Windows 7 操作系统。

任务分析

　　学习客户机 Windows 7 操作系统的规划以及掌握 Windows 7 操作系统的安装。

任务准备

　　（1）学生一人一台计算机，计算机内预装 Vm Box 虚拟机软件，预装完毕的 Windows Server 2008 和 Windows 7 虚拟机系统各一，并在虚拟机中挂载 Windows Server 2008 和 Windows 7 操作系统安装光盘镜像。
　　（2）打开 Vm Box 虚拟机软件，打开预装的 Windows Server 2008 和 Windows 7 虚拟机操作系统。

任务实施

步骤 1 ▏▏企业对服务器的安装前的准备

　　我们在搭建时需要考虑以下具体的设置：
　　（1）确定客户端操作系统，如是 Windows 7、Windows XP 操作系统等。
　　（2）确定磁盘的分区个数和分区大小。
　　（3）确定文件系统，如：FAT、FAT32、NTFS 文件系统。
　　（4）确定服务器的计算机名。
　　（5）确定服务器的 IP 地址。

3．海华实业公司企业内部局域网客户机的规划如下。

项目	项目参数的选择
操作系统	Windows 7
磁盘分区	1
文件系统	NTFS
计算机名称	HHpc1
IP 地址	192.168.1.1

步骤 2 安装 Windows 7 客户端操作系统

安装 Windows 7 有很多种方法，可以从光盘、硬盘、U 盘等一些移动设备安装，但是最常用的还是从光盘启动安装，下面介绍从光盘安装 Windows 7 操作系统。

（1）BIOS 设置开机从光驱启动。

（2）加载光驱以后可以见到 Windows 7 的安装界面，默认都是中文，直接单击"下一步"按钮，如图 2-16 所示。

（3）在出现的界面中单击"现在安装"，如图 2-17 所示。

图 2-16　Windows 7 安装界面

图 2-17　安装开始

（4）安装程序正在启动，如图 2-18 所示。

（5）勾选"我接受许可条款"，然后单击"下一步"按钮，如图 2-19 所示。

图 2-18　启动安装

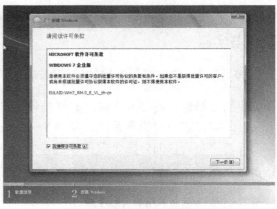

图 2-19　安装许可

（6）此时会看到有"升级"和"自定义（高级）"两个安装选项。如果本机装有 Vista 操作系统，那么你可以选择"升级"模式来安装，但是升级安装的时间比较慢；如果你的操作系统是 Windows XP 或者是 DOS 系统，则选择"自定义（高级）"模式来安装（就是我们说的全新安装）。这里选择"自定义（高级）"模式安装，如图 2-20 所示。

（7）此时出现选择磁盘安装的界面，选择你要安装的磁盘，然后单击"驱动器选择（高级）"选项，如图 2-21 所示。（这时候你会奇怪，为什么自己的电脑上面有很多磁盘，比如 C、D、E 盘，而图上只有一个为未分配的磁盘，那是因为笔者在自己的 Vmware 虚拟机安装的，16GB 的容量是笔者自己划分的，我们在安装的时候应选择系统原来的分区，一般都在 C 盘）

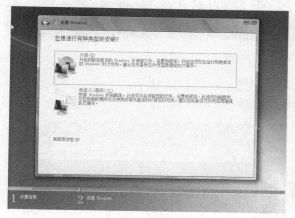
图 2-20　选择安装方式

图 2-21　选择磁盘

（8）单击"新建"，如图 2-22 所示。输入系统分区要划分的容量大小，建议在 13～20GB，然后单击"应用"按钮。Windows 7 安装好之后只有 9GB 左右，比起 Vista 小多了。

（9）此时你会看到出现 3 个磁盘，一个为 100MB 的分区。一个是 10GB 的磁盘（系统分区），最后一个是剩余的磁盘分区。选中你的主分区单击"格式化"，如图 2-23 所示。

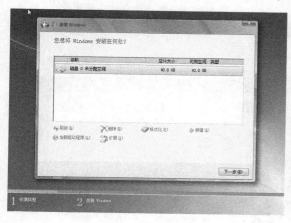
图 2-22　安装分区

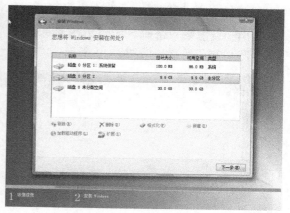
图 2-23　建立分区

（10）开始安装 Windows,安装过程中会出现重启，如图 2-24 所示。
（11）安装成功后，Windows 7 第一次启动，如图 2-25 所示。

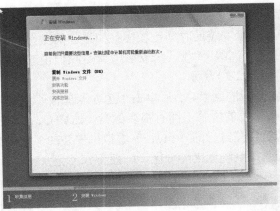

图 2-24　正在安装 Windows

图 2-25　首次重启

（12）第二次重启后出现安装完成后的首次系统配置，如图 2-26 所示。

（13）接下来设置自己的用户名及计算机名称，如图 2-27 所示。

图 2-26　第二次重启

图 2-27　设置用户名和计算机名

（14）设置账户密码，如图 2-28 所示。

（15）安全设置，如图 2-29 所示。

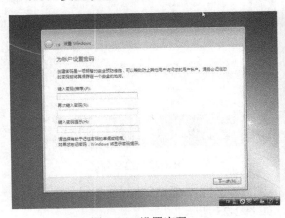

图 2-28　设置密码

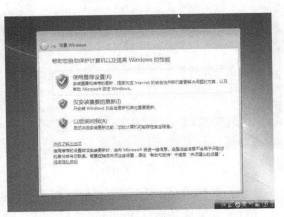

图 2-29　计算机安全设置

（16）设置时间，如图 2-30 所示。

（17）设置网络，一般选择第一个家庭网络，这里有三种选择"家庭网络"、"工作网络"、"公用网络"，根据需要进行选择，如图 2-31 所示。

图 2-30　设置时间

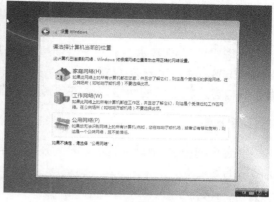

图 2-31　设置网络

（18）安装完成，出现欢迎界面，如图 2-32 所示。

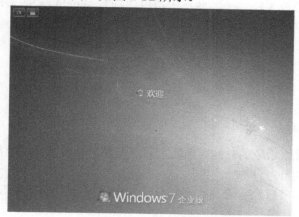

图 2-32　欢迎界面

任务评价

通过本任务的学习，给自己的学习情况打个分吧。

评价指标	评价内容	掌握情况		
		掌握	需复习	需指导
知识点	服务器规划			
	系统的安装			
	系统的初始化设置			
技能点	网络操作系统的安装			
	硬盘分区			
	IP 地址设置			
	修改计算机名			
综合自评	满分 100 分			
综合他评	满分 100 分			

工作任务 3 配置并测试计算机之间的连通

任务背景

海华实业已经基本搭建好一个小型的局域网，在这个局域网中服务器安装了 Windows Server 2008，客户机安装了 Windows 7 操作系统。为了使服务器和客户机之间互通，需要配置服务器与客户机之间的网络连接，它们分别配置了 IP 地址为 192.168.1.100/24 和 192.168.1.1/24。

任务分析

学会系统中 IP 地址的修改、测试服务器 Windows Server 2008 和客户机 Windows 7 操作系统网络的连通性。

任务准备

（1）学生一人一台计算机，计算机内预装 Vm Box 虚拟机软件，预装完毕的 Windows Server 2008 和 Windows 7 虚拟机系统各一，并在虚拟机中挂载 Windows Server 2008 和 Windows 7 操作系统安装光盘镜像。

（2）打开 Vm Box 虚拟机软件，打开预装的 Windows Server 2008 和 Windows 7 虚拟机操作系统。

任务实施

步骤 1 设置好客户机的 IP 地址

在我们刚安装好操作系统的时候，桌面上只有最简单的设置，需要用户自己通过手动设置成为用户较为习惯的界面。

（1）可以右击桌面空白处，选择"个性化"中的"更改桌面图标"，设置桌面要显示的图标，如图 2-33 所示。

图 2-33 桌面图标设置

（2）右击桌面中的"网络"，选择"属性"，在打开的窗口中选择"本地网络"，如图 2-34 所示。

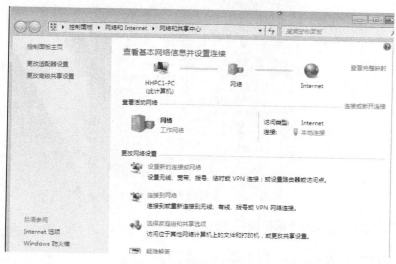

图 2-34　选择本地网络

（3）在弹出的"本地连接状态"对话框中单击"属性"按钮，如图 2-35 所示。

（4）在打开的"Internet 协议版本 4（TCP/IPv4）属性"对话框中输入相应的 IP 地址和网关，如图 2-36 所示。

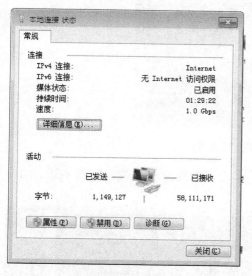

图 2-35　本地连接状态

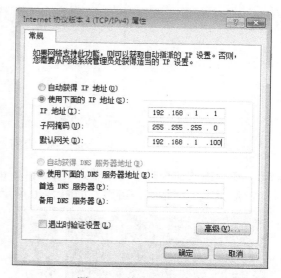

图 2-36　修改 IP 地址

步骤 2　设置服务器的 IP 地址

Windows server 2008 的配置方法和 Windows 7 基本一致，可以参考步骤 1 的设置方法，最后将服务器的 IP 设置为 192.168.1.100，如图 2-37 所示。

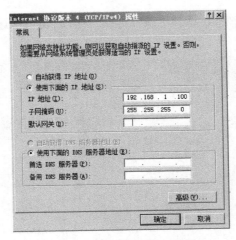

图 2-37　设置服务器 IP 地址

步骤 3 ┃ 测试单位内部计算机网络的连通性

（1）测试客户机中 Windows 7 网卡是否正常工作。

① 在"开始"菜单的"运行"文本框中输入"CMD"命令，如图 2-38 所示。

图 2-38　运行"CMD"命令

② 在弹出的命令提示符中输入"ipconfig/all"命令，查看网络参数，如图 2-39 所示。

③ 测试本地网络是否可用，如图 2-40 所示。

图 2-39　查看网络参数　　　　　　　　　　图 2-40　连通性测试

④ 使用 Ping 本地 IP 地址的方法，测试本地网卡是否可用，如图 2-41 所示。

（2）测试服务器 Windows Server 2008 中网卡是否正常工作。

测试的方法与在 Windows 7 中的测试方法一致，如图 2-42 所示。

（3）测试服务器与客户机之间的连通性。

① 在客户机 Windows 7 中使用 Ping 命令测试与服务器的连通性，如图 2-43 所示。

图 2-41　测试连通性 1

图 2-42　测试连通性 2

图 2-43　测试连通性 3

② 在服务器 Windows Server 2008 中使用 Ping 命令测试与客户机的连通性。

其使用的方法与在客户机 Windows 7 中使用 Ping 命令测试与服务器的连通性相同。

知识链接

基本网络测试命令

作为一般的互联网使用者，网络突如其来的故障使我们感到很头痛，不仅影响我们的使用，还会带来不必要的损失，所以简单了解一下基本的网络测试命令，对于我们来说也是一件好事，可以节省时间及提高工作效率。今天，笔者粗浅地列举一些最常用的网络故障测试命令，希望可以给大家一些参考。

目前最为常用的网络测试命令是：Ping、Tracert、Netstat、IPconfig、Nslookup，下面分别介绍它们的使用方法。

1．Ping

Ping 是最为常用的测试网络故障的命令，它是测试网络连接状况以及信息包发送和接收状况的工具。它的主要作用是向目标主机发送一个数据包，并且要求目标主机在收到数据包时给予答复，来判断网络的响应时间及本机是否与目标主机相互联通。

如果执行 Ping 命令不成功，则可能是网线故障，网络适配器配置不正确，IP 地址不正确等。如果执行 Ping 命令成功而网络仍无法使用，那么很可能在网络系统的软件配置方面出现故障。

命令格式：ping IP 地址或主机名 [-t] [-a] [-n count] [-l size]

参数含义如下。

-t：不停地向目标主机发送数据；

-a：以 IP 地址格式来显示目标主机的网络地址；

-n count：指定要 Ping 多少次，具体次数由 count 来指定；

-l size：指定发送到目标主机的数据包的大小。

2．Tracert

使用 Tracert（跟踪路由）命令可以显示数据包到达目标主机所经过的路径，并显示到达每个节点的时间。命令所获得的信息要比 Ping 命令较为详细，它把数据包所走的全部路径、节点的 IP 以及花费的时间都显示出来。

命令格式：tracert IP 地址或主机名[-d][-h maximum_hops][-j host_list] [-w timeout]

参数含义如下。

-d：不解析目标主机的名字；

-h maximum_hops：指定搜索到目标地址的最大跳跃数；

-j host_list：按照主机列表中的地址释放源路由；

-w timeout：指定超时时间间隔，程序默认的时间单位是毫秒。

3．Netstat

Netstat 是 DOS 命令，是一个监控 TCP/IP 网络的非常有用的工具，可以了解网络的整体使用情况。它可以显示路由表、实际的网络连接以及每一个网络接口设备的状态信息，一般用于检验本机各端口的网络连接情况。利用命令参数，可以显示所有协议的使用状态，这些协议包括 TCP 协议、UDP 协议以及 IP 协议等，另外还可以选择特定的协议并查看其具体信息，还能显示所有主机的端口号以及当前主机的详细路由信息。

TCP/IP 可以容许数据报导致出错数据或故障类型的错误，但如果累计的出错情况数目占的百分比较大时，建议用 Netstat 命令检查为什么会出现这些情况。

命令格式：

netstat [-r] [-s] [-n] [-a]

参数含义如下。

-r：显示本机路由表的内容；

-s：显示每个协议的使用状态（包括 TCP 协议、UDP 协议、IP 协议）；

-n：以数字表格形式显示地址和端口；

-a：显示所有主机的端口号。

4．Ipconfig

ipconfig 是调试计算机网络的常用命令，通常大家使用它显示计算机中网络适配器的 IP 地址、子网掩码及默认网关，这些必要的信息是我们排除网络故障的必要元素。不过这只是 ipconfig 命令不带参数的用法，而其带参数的用法，在网络应用中也是很有用的。

总的参数简介（也可以在 DOS 方式下输入 Ipconfig /? 进行参数查询）

ipconfig /all：显示本机 TCP/IP 配置的详细信息；

ipconfig /release：DHCP 客户端手工释放 IP 地址；

ipconfig /renew：DHCP 客户端手工向服务器刷新请求；

ipconfig /flushdns：清除本地 DNS 缓存内容；

ipconfig /displaydns：显示本地 DNS 内容；

ipconfig /registerdns：DNS 客户端手工向服务器进行注册；

ipconfig /showclassid：显示网络适配器的 DHCP 类别信息；

ipconfig /setclassid：设置网络适配器的 DHCP 类别。

5．Nslookup

nslookup 命令用来判断域名系统（DNS）是否可用，可以显示域名系统的相关信息，用户可以通过该命令查看制定网站的 IP 地址。

命令格式：nslookup [-SubCommand ...] [{ComputerToFind| [-Server]}]

使用方法：

在 DOS 命令行下输入"nslookup"命令，按回车键，此时标识符变为">"，然后输入制定网站的域名，再按回车键就可以显示该域名相对应的 IP 地址。

■任务拓展

网络连通的故障排除

1．基本检查

查看网卡的指示灯是否正常。正常情况下，在不传送数据时，网卡的指示灯闪烁较慢，传送数据时，闪烁较快。无论指示灯是不亮，还是长亮不灭，都表明有故障存在。如果网卡的指示灯不正常，需关掉计算机更换网卡。

2．初步测试

使用 Ping 命令，Ping 本地的 IP 地址或 127.0.0.1，检查网卡和 IP 网络协议是否安装完好。如果能 Ping 通，说明该计算机的网卡和网络协议设置正常，问题出在计算机与网络的连接上。因此，应当检查网线的连通性和交换机及交换机端口的状态。如果无法 Ping 通，只能说明 TCP/IP 协议有问题，但并不能提供更多的故障情况。因此，需继续下述步骤。

3．排除网卡

在控制面板中，查看网卡（网络适配器）是否已经安装或是否出错。如果在硬件列表中没有发现网络适配器，或网络适配器前方有一个黄色的"!"，说明网卡未安装正确，需将未知设备或带有黄色"!"的网络适配器删除，刷新后，重新安装网卡，并为该网卡配置网络协议，然后进行应用测试。如果网卡无法正确安装，说明网卡可能损坏，必须更换一块网卡重试。如果网卡已经正确安装，继续下述步骤。

4．排除网络协议故障

使用"ipconfig/all"命令查看本地计算机是否安装有 TCP/IP 协议，以及是否设置好 IP 地址、子网掩码和默认网关、DNS 域名解析服务。如果尚无安装协议，或协议尚未设置好，安装并设置好协议后，重新启动计算机，执行步骤 2 的操作。如果已经安装，认真查看网络协议的各项设置是否正确。如果协议设置有错误，修改后重新启动计算机，然后再进行应用测试。如果协议设置完全正确，则肯定是网络连接的问题，继续执行下述步骤。另外，若欲使用局域网中的"网上邻居"，请安装 NetBEUI 协议。

5．故障定位

在连接至同一台交换机上的其他计算机上进行网络应用测试。如果仍不正常，在确认网卡和网络协议都正确安装的前提下，可初步认定是交换机发生了故障。为了进一步确认，可再换一台计算机继续测试，进而确定交换机故障。如果其他计算机测试结果完全正常，则将故障定位在发生故障的计算机与网络的连通性上。

任务评价

评价指标	评价内容	掌握情况		
		掌握	需复习	需指导
知识点	修改 IP 地址			
	认识网络命令			
技能点	修改 IP 地址			
	ipconfig 命令的使用			
	ping 命令的使用			
	查看连通性			
综合自评	满分 100 分			
综合他评	满分 100 分			

思考与练习

一、选择题

1．测试网络连通性的命令是（ ）。

    A．cmd   B．ping   C．ipconfig   D．nslookup

二、填空题

1．默认的系统管理员名是_____。

2．在使用 Ping 命令时，返回的信息中有"Request timed out"，则表示网络_____。

三、简答题

1．Windows Server 2008 的版本有哪些？

2．如何使用命令测试两台计算机之间的连通性？

3．计算机之间不能连通的常见故障有哪些？

四、实训题

进入桌面后的几个操作：

（1）在桌面显示"我的电脑"、"网上邻居"等图标；

（2）显示或更改计算机名和组名；

（3）设置 IP 地址等属性；

（4）进入磁盘管理。

项目 3

服务器的管理和维护

项目 3 任务分解图如图 3-1 所示。

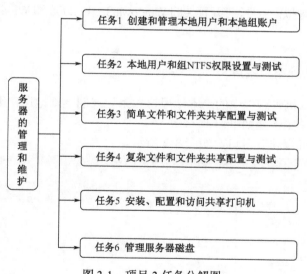

图 3-1　项目 3 任务分解图

对于 Windows Server 2008 网络服务器的管理和维护，最主要是完成本地用户和本地组的管理、文件的 NTFS 权限设置、资源共享设置，以及磁盘的管理操作等。本地用户是用来记录用户的口令和用户名、隶属的组、可以访问的网络资源，以及用户的个人文件和相应设置。组是用户和计算机账户、联系人以及其他可作为单个单元管理的组的集合。NTFS 文件系统主要用来提高文件的安全性。磁盘管理可以实现对磁盘的分区格式化管理，以及提高磁盘的容错能力和提高访问速度等。

通过本项目的学习，将学会服务器基本的维护和管理，学会创建用户和组，用户和组 NTFS 权限的设置，文件（夹）共享，共享打印机和服务器磁盘的管理。

工作任务 1　创建和管理本地用户和本地组账户

任务背景

　　海华实业公司有很多员工，需要为每个人创建不同的账号，还需要把有类似功能的用户放在一个组中。每个用户有自己的特定信息，可以自己设置密码。现在有两名员工分别是 hu 和 zhu，密码分别是 abc 和 123，因为这两个用户都是技术部的，所以在海华实业的网络服务器中创建一个 JSB 组，并将这两个用户加入其中。

任务分析

　　作为一名网络管理员，要能对公司网络的各个用户配置账户，以及规划好企业网络内不同用户的分组。为每个用户创建一个账号，把有共同点的用户放在同一组中。设置每个用户的信息，同时要求用户第一次登录时，要修改密码。创建 JSB 组，将相应用户加入其中。

任务准备

　　（1）学生一人一台计算机，计算机内预装 Vm Box 虚拟机软件，预装完毕的 Windows Server 2008 和 Windows 7 虚拟机系统各一，并在虚拟机中挂载 Windows Server 2008 和 Windows 7 操作系统安装光盘镜像。

　　（2）打开 Vm Box 虚拟机软件，打开预装的 Windows Server 2008 和 Windows 7 虚拟机操作系统。

任务实施

步骤 1　创建本地用户账户

　　用户可以用"计算机管理"中的"本地用户和组"来创建本地用户账户，而且用户必须拥有管理员权限。具体操作步骤如下。

　　（1）打开"计算机管理"窗口，如图 3-2 所示。

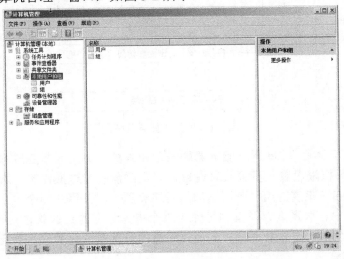

图 3-2　"计算机管理"窗口

（2）在"计算机管理"管理控制台中，展开"本地用户和组"，在"用户"目录上单击鼠标右键，选择"新用户"命令，如图 3-3 所示。

图 3-3　添加新用户

（3）打开"新用户"对话框后，输入用户名、全名和描述，并且输入密码，如图 3-4 所示。

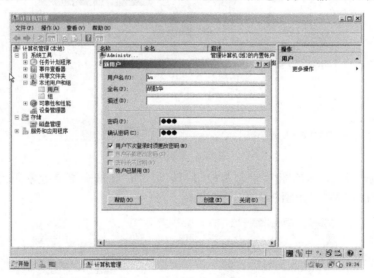

图 3-4　输入用户名和密码

（4）使用同样的方法创建账户 zhu。

（5）将账户重命名。

如果不小心将账户的名字命名错误，如果要改名，可在"计算机管理"管理控制台中，展开"本地用户和组"，单击"用户"，使用鼠标右键单击需要修改的用户，选择"重命名"进行操作，如图 3-5 所示。

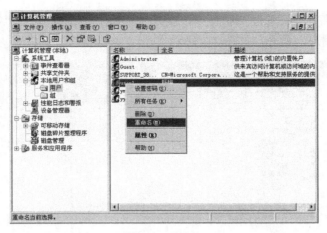

图 3-5　重命名

（6）将账户删除，选择需要删除的用户，单击鼠标右键，选择"删除"，即可删除相应的用户，如图 3-6 所示。

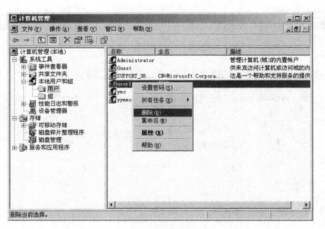

图 3-6　删除用户

（7）更改账户密码，只有拥有管理员权限可以修改，选择需要修改密码的用户，单击鼠标右键，选择"设置密码"，如图 3-7 所示。

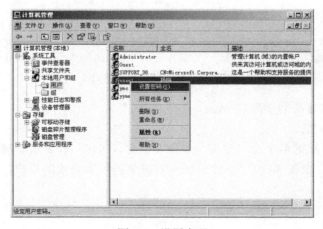

图 3-7　设置密码

（8）禁用与激活本地账户

打开账户的"属性"对话框，在"常规"选项卡中，通过勾选"账户已禁用"选项来选择禁用或者激活本地用户，如图3-8所示。

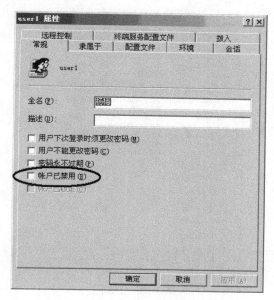

图3-8　账户属性设置

步骤 2　创建和管理本地组账户

（1）打开"计算机管理"窗口，如图3-9所示。

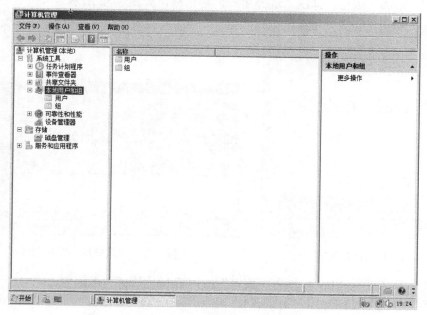

图3-9　"计算机管理"窗口

（2）在"计算机管理"管理控制台中，展开"本地用户和组"，在"组"目录上单击鼠标右键，选择"新建组"命令，建立一个名叫 jsb 的组，如图 3-10 所示。

图 3-10　新建组

（3）将组员加入 jsb 组中。

① 在"计算机管理"窗口中右击右侧窗口中的 jsb，选择"添加到组"，弹出"jsb 属性"对话框，如图 3-11 所示。

② 单击"添加"按钮，弹出"选择用户"对话框，如图 3-12 所示。

图 3-11　组内添加成员

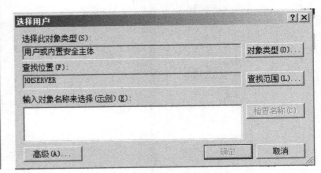

图 3-12　"选择用户"对话框

③ 在文本框中输入"hu"，单击"确定"按钮将 hu 添加到 jsb 组中。

④ 使用同样的方法添加用户 zhu 到 jsb 组中。

（4）删除本地组。

在"计算机管理"窗口中右击右侧窗口中的 jsb，选择"删除"，弹出"本地用户和组"对话框，单击"是"按钮，将 jsb 组删除，如图 3-13 所示。

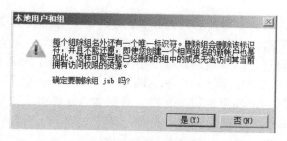

图 3-13　删除本地组

知识链接

1.本地账户

账户：账户是用户登录到域访问网络资源或登录到某台计算机访问该机上的资源的标识，包括账户名和密码。

保证 Windows Server 2008 安全性的主要方法有以下 4 点：

（1）严格定义各种账户权限，阻止用户可能进行具有危害性的网络操作；

（2）使用组规划用户权限，简化账户权限的管理；

（3）禁止非法计算机连入网络；

（4）应用本地安全策略和组策略制定更详细的安全规则。

本地用户账户仅允许用户登录并访问创建该账户的计算机。当创建本地用户账户时，Windows Server 2008 仅在计算机位于%Systemroot%\system32\config 文件夹下的安全数据库（SAM）中创建该账户。

Windows Server 2008 默认只有 Administrator 账户和 Guest 账户。Administrator 账户可以执行计算机管理的所有操作；而 Guest 账户是为临时访问计算机的用户而设置的，但默认是禁用的。

2.本地账户命名原则

（1）账户名必须唯一：本地账户必须在本地计算机上唯一。

（2）账户名不能包含以下字符：*/\[]::|=，　+/<>“。

（3）账户名最长不能超过 20 个字符。

3.密码原则

（1）一定要给 Administrator 账户指定一个复杂密码，以防止他人随便使用该账户。

（2）确定是管理员还是用户拥有密码的控制权。用户可以给每个用户账户指定一个唯一的密码，并防止其他用户对其进行更改，也可以允许用户在第一次登录时输入自己的密码。

（3）密码不能太简单。

（4）密码最多可由 128 个字符组成，推荐最小长度为 8 个字符。

（5）密码应由大小写字母、数字以及合法的非字母数字的字符混合组成，如“P@ssw0rd”。

任务拓展

设置本地安全策略

在 Windows Server 2008 中，为了确保计算机的安全，允许管理员对本地安全进行设置，从而达到提高系统安全性的目的。Windows Server 2008 对登录到本地计算机的用户都定义了一些安全设置。所谓本地计算机是指用户登录执行 Windows Server 2008 的计算机，在没有活动目录集中管理的情况下，本地管理员必须为计算机进行设置以确保其安全。例如，限制用户如何设置密码、通过账户策略设置账户安全性、通过锁定账户策略避免他人登录计算机、指派用户权限等。将这些安全设置分组管理，就组成了 Windows Server 2008 的本地安全策略。

Windows Server 2008 在"管理工具"菜单提供了"本地安全设置"控制台，可以集中管理本地计算机的安全设置原则，使用管理员账户登录到本地计算机，即可打开"本地安全设置"控制台，如图 3-14 所示。

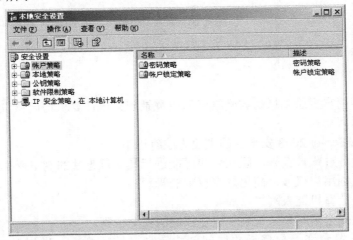

图 3-14　控制台

（1）密码安全性设置

用户密码是保证计算机安全的第一道屏障，是计算机安全的基础。如果用户账户特别是管理员账户没有设置密码，或者设置的密码非常简单，那么计算机将很容易被非授权用户登录，进而访问计算机资源或更改系统配置。

目前互联网上的攻击很多都是因为密码设置过于简单或根本没有设置密码造成的，因此应该设置合适的密码和密码设置原则，从而保证系统的安全。

Windows Server 2008 的密码原则主要包括以下 4 项：密码必须符合复杂性要求，密码长度最小值，密码最长使用期限和强制密码历史等，如图 3-15 所示。

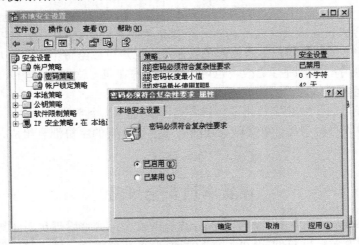

图 3-15　控制台中密码策略

（2）账户锁定策略

Windows Server 2008 在默认情况下，没有对账户锁定进行设定，为了保证系统的安全，最好设置账户锁定策略。账户锁定原则包括如下设置：账户锁定阈值、账户锁定时间和复位账户锁定计数器的时间间隔，如图 3-16 所示。

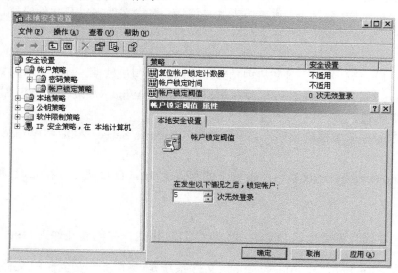

图 3-16　账户锁定策略

任务评价

通过本任务的学习，给自己的学习情况打个分吧。

评价指标	评价内容	掌握情况		
		掌握	需复习	需指导
知识点	账户的概念			
	组的概念			
	账户的类型			
技能点	创建账户			
	删除账户			
	创建组			
	组内添加账户			
	设置用户密码及策略			
综合自评	满分 100 分			
综合他评	满分 100 分			

工作任务 2　本地用户和组 NTFS 权限设置与测试

任务背景

在海华实业的企业中，网络管理员小胡（hu）分配了访问服务器的权限，要求只能对服务器上已经存在的文件夹 test1 实现读取操作，对文件夹 test2 实现完全控制操作。

任务分析

　　学习在 Windows Server 2008 中，将文件系统设置为 NTFS 格式，可以对单个文件或者文件夹设置权限。在 NTFS 分区上，将可以为共享资源、格式文件夹以及文件设置访问许可权限。

任务准备

　　（1）学生一人一台计算机，计算机内预装 Vm Box 虚拟机软件，预装完毕的 Windows Server 2008 和 Windows 7 虚拟机系统各一，并在虚拟机中挂载 Windows Server 2008 和 Windows 7 操作系统安装光盘镜像。

　　（2）打开 Vm Box 虚拟机软件，打开预装的 Windows Server 2008 和 Windows 7 虚拟机操作系统。

　　（3）在 Windows Server 2008 中，hu 账户的密码是 abc，在 D 盘中存在 test1 和 test2 文件夹。

任务实施

> **步骤 1** 　在操作系统中将 D 盘格式化为 NTFS 格式，并创建文件夹 test1. test2

　　NTFS（New Technology File System）文件系统是一个基于安全性的文件系统，它是建立在保护文件和目录数据基础上，同时节省存储资源、减少磁盘占用量的一种先进的文件系统。

　　（1）格式化 D 盘，并设置为"NTFS"格式，如图 3-17 所示。

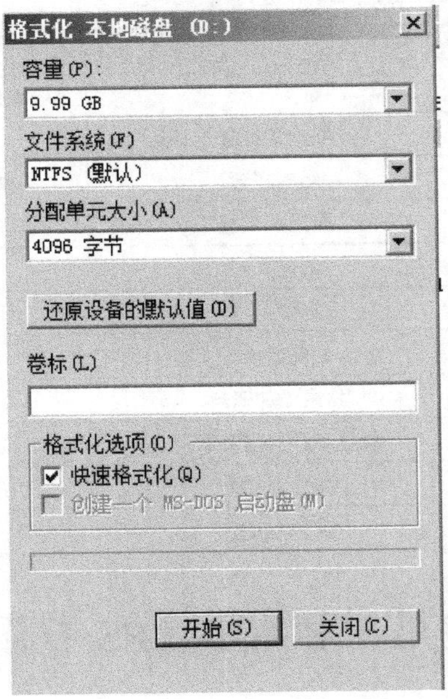

图 3-17　格式化磁盘

　　（2）创建 test1 和 test2 文件夹，如图 3-18 所示。

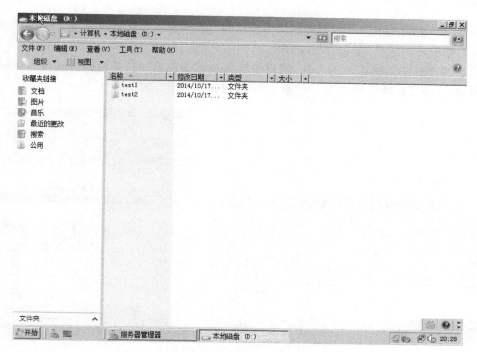

图 3-18 磁盘内添加文件夹

步骤 2 设置 test1 的文件夹权限

在超级用户 Administrator 环境下，使 hu 用户对已经存在的文件夹 test1 实现读取的操作。

（1）打开 D 盘，选择 test1 文件夹并右击，选择"属性"，弹出"test1 属性"对话框，如图 3-19 所示。

（2）选择"安全"选项卡。

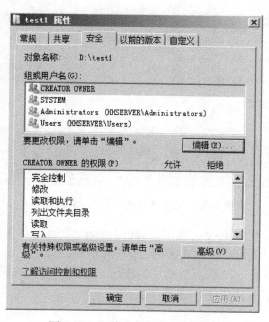

图 3-19 文件夹"属性"对话框

（3）单击"编辑"按钮，在弹出的"安全"对话框中单击"添加"按钮，在弹出的"选择用户或组"中输入"hu"，如图 3-20 所示。

（4）单击"确定"按钮，在"hu 的权限"列表框中保留默认的权限，选择对"hu"用户只能对 test1 有读取和浏览的权限，如图 3-21 所示。

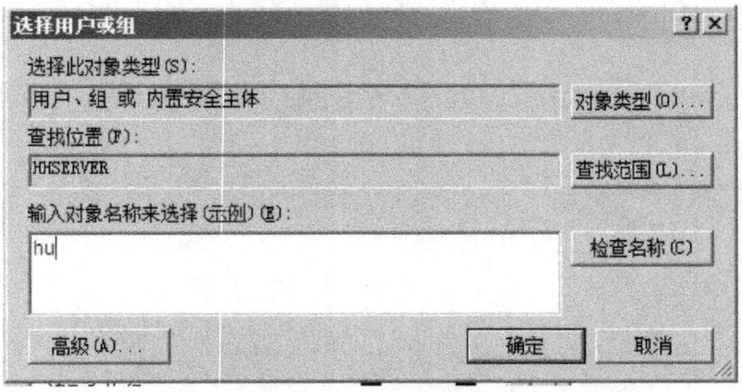

图 3-20　"选择用户或组"对话框 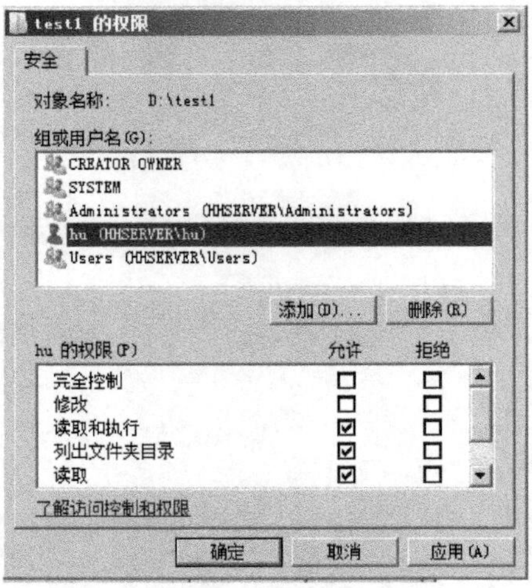　　　　　图 3-21　文件夹的权限设置

（5）单击"高级"按钮，弹出"test1 的高级安全设置"对话框，如图 3-22 所示。

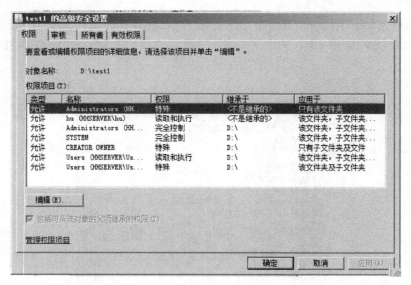

图 3-22　文件夹的高级安全设置对话框

（6）在"权限项目"列表框中，选中"administrator"选项，单击"编辑"按钮，在弹出的对话框中单击"删除"按钮，如图 3-23 和图 3-24 所示。

（7）单击"删除"按钮，再单击"确定"按钮，回到 test1 的属性对话框中，此时，test1 文件夹从 D 盘中继承的权限消失了，如图 3-25 所示。

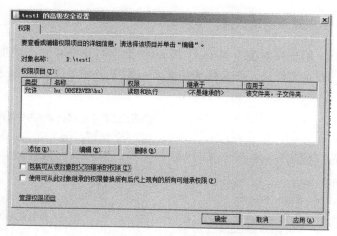

图 3-23 文件夹的高级权限设置

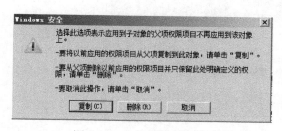

图 3-24 文件权限安全提示

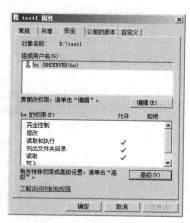

图 3-25 文件夹属性

步骤 3 | 设置 test2 的文件夹权限

在超级用户 Administrator 权限下，使 hu 对已有的文件夹 test2 实现完全权限的操作。具体的操作方法和 test 基本一致，不同之处就是权限设置时需要选择相应的权限，如图 3-26 所示。

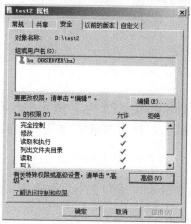

图 3-26 文件夹属性

步骤 4 hu 用户登录测试权限

（1）Administrator 用户在对文件夹 test1 和 test2 操作时系统将会出现如图 3-27 所示提示，单击"继续"按钮，进入文件夹，在文件夹中添加任何文件或者文件夹都无法实现，如图 3-28 所示。

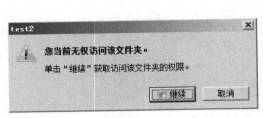

图 3-27　权限提示　　　　　　　　　　图 3-28　拒绝提示

（2）hu 用户登录到操作系统中，对文件夹 test1 查看没有任何问题，但在 test1 中写入文件等操作时就会出现如图 3-29 所示的提示。

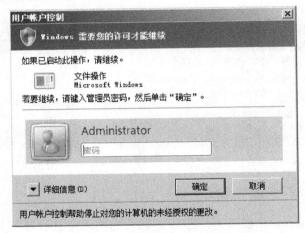

图 3-29　"用户账户控制"对话框

（3）hu 用户登录操作系统中，对文件夹 test2 则有完全的操作权限。

知识链接

1．NTFS 文件系统

NTFS（New Technology File System）文件系统是一个基于安全性的文件系统，它是建立在保护文件和目录数据的基础上，同时节省存储资源、减少磁盘占用量的一种先进的文件系统。

NTFS 的特点主要有：

（1）NTFS 可以支持的分区容量可以达到 2TB。如果是 FAT32 文件系统，支持分区的容量最大为 32GB。

（2）NTFS 是一个可恢复的文件系统。NTFS 通过使用标准的事物处理日志和恢复技术来保证分区的一致性。

（3）NTFS 支持对分区、文件夹和文件的压缩。

（4）NTFS 采用了更小的簇，可以更有效地管理磁盘空间。

（5）在 NTFS 分区上，可以为共享资源、文件夹以及文件设置访问许可权限。

（6）在 Windows Server 2003 的 NTFS 文件系统下可以进行磁盘配额管理。

（7）NTFS 使用一个"变更"日志来跟踪记录文件所发生的变更。

2．NTFS 的权限

（1）完全控制：用户可以修改、增加、移动或者删除文件以及其属性和目录。用户能够修改所有文件和子目录的权限设置。

（2）修改：用户可以查看并修改文件或者文件属性，包括在目录下增加或删除文件，以及修改文件属性。

（3）读并且执行：用户可以运行可执行文件，包括脚本。列出文件夹目录，可以浏览文件夹与其子文件夹的目录内容，但不具有在该文件夹内建立子文件夹的权利。

（4）读取：用户可以查看文件和文件属性。

（5）写入：用户可以对一个文件进行写操作。

任务评价

通过本任务的学习，给自己的学习情况打个分吧。

评价指标	评价内容	掌握情况		
		掌握	需复习	需指导
知识点	NTFS 的概念			
	NTFS 权限的内容			
	ALP 规则的内容			
技能点	文件夹 NTFS 权限的设置			
	相同用户对不同文件夹的权限设置			
	相同文件夹不同用户的权限设置			
	NTFS 权限的继承性			
	NTFS 权限的累加性			
综合自评	满分 100 分			
综合他评	满分 100 分			

工作任务 3　简单文件和文件夹共享配置与测试

任务背景

海华实业中有很多资源需要共享，同时这些资源又需要一定的隐蔽性，如技术部有些技术文件，能让管理者和开发者两人共享，这就需要网络管理人员对文件的共享进行合理的设置，达到安全的要求。现有开发者 hu 和 zhu 两位，他们要在网络中保存自己的开发内容，开发的内容只能允许管理员和本人去操作。

任务分析

　　熟练掌握在服务器系统中添加用户 hu 和 zhu，创建共享文件夹 wks，在 wks 下创建文件夹 hu 和 zhu，只允许管理员和本人操作文件夹。

任务准备

　　（1）学生一人一台计算机，计算机内预装 Vm Box 虚拟机软件，预装完毕的 Windows Server 2008 和 Windows 7 虚拟机系统各一，并在虚拟机中挂载 Windows Server 2008 和 Windows 7 操作系统安装光盘镜像。

　　（2）打开 Vm Box 虚拟机软件，打开预装的 Windows Server 2008 和 Windows 7 虚拟机操作系统。

任务实施

步骤 1 创建好文件夹和用户

　　（1）在操作系统 D 盘目录下，创建文件夹 wks，在 wks 下创建文件夹 hu 和 zhu，如图 3-30 所示。

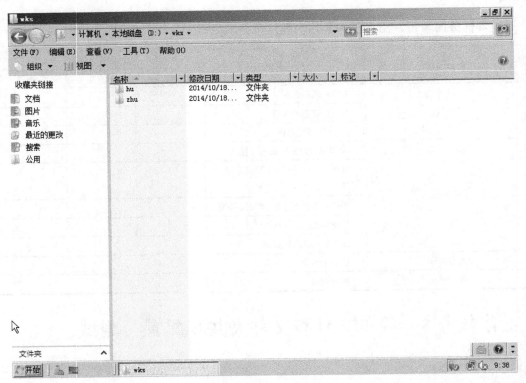

图 3-30　创建文件夹

　　（2）创建用户 hu 和 zhu，并将 hu 和 zhu 加入到组 wks。

　　具体的创建操作方法前面章节已经学习过，如图 3-31 所示。

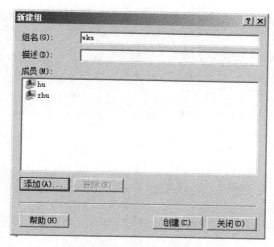

图 3-31　wks 组添加组员

步骤 2 设置 wks 文件夹共享权限，允许管理员和 wks 组成员操作

（1）设置 wks 文件夹共享权限，允许所有用户操作，如图 3-32 所示。

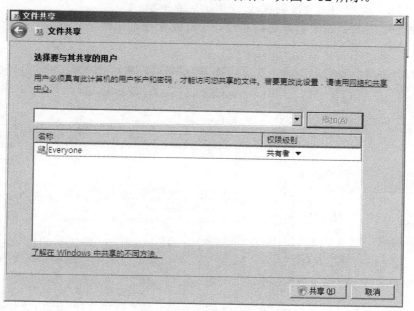

图 3-32　wks 文件夹共享设置

（2）设置"安全"文件夹 hu 允许超级用户访问和用户 hu 完全控制。

① 设置"hu"文件夹高级安全设置，只允许 administrator 用户访问，取消对"包括可从该对象的父项继承的权限"复选框的选择，如图 3-33 所示。

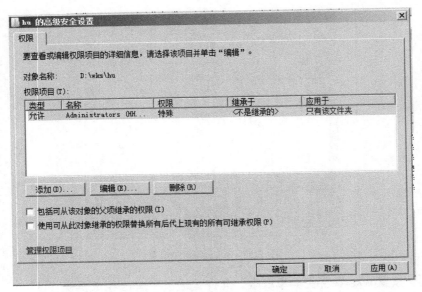

图 3-33 "hu"文件夹高级安全设置

② 添加"hu"用户为完全控制权限，如图 3-24 所示。

（3）设置文件夹 zhu 超级用户访问和用户 zhu 完全控制（操作方法和上面一样）权限，如图 3-35 所示。

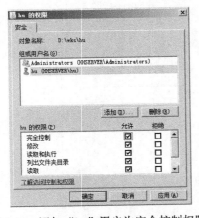

图 3-34 添加"hu"用户为完全控制权限

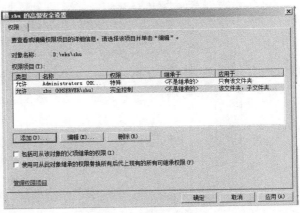

图 3-35 "zhu"文件夹设置"zhu"用户权限

步骤 3 测试单位开发人员 hu 和 zhu 访问服务器共享文件夹只能对相应的文件夹进行操作

（1）hu 用户登录服务器，测试效果。

① 在"开始"菜单的"运行"文本框中输入"CMD"命令，测试与服务器的连通性，服务器的 IP 地址为 192.168.1.101，如图 3-36 所示。

② 在地址栏中输入"192.168.1.101"，以用户 hu 登录，如图 3-37 所示。

图 3-36 测试连通性

图 3-37 "hu"用户登录

③ 可以查看到共享文件夹 wks，如图 3-38 所示。

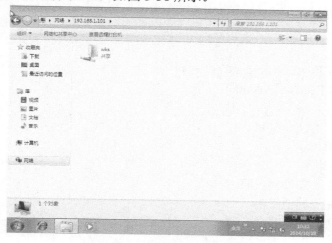

图 3-38 "hu"测试 wks 文件夹

④ 可以在 hu 文件中建立文件和目录，如图 3-39 所示。

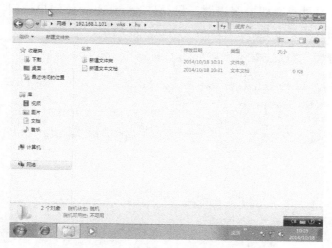

图 3-39 "hu"用户测试"hu"目录权限

⑤ 在登录的过程中"zhu"文件夹我们看不见，即使输入具体地址也无法登录到该文件夹。

（2）测试"zhu"用户也只能对服务器中 wks 共享目录下的"zhu"文件夹可以进行操作。

测试的方法与上面的方法一致。

知识链接

1．NTFS 文件系统下文件和目录的权限

NTFS 文件权限：是应用在文件上的 NTFS 权限，用来控制用户对文件的访问。

　　读取（Read）

　　写入（Write）

　　读取与执行（Read & Execute）

　　修改（Modify）

　　完全控制（Full Control）

NTFS 文件夹权限类型

　　读取（Read）

　　写入（Write）

　　列出文件夹内容（List Folder Contents）

　　读取与执行（Read & Execute）

　　修改（Modify）

　　完全控制（Full Control）

2．NTFS 权限规则

　　NTFS 权限的累积

　　文件权限优先于文件夹权限

　　拒绝权限优先于其他权限

　　NTFS 权限的继承

任务拓展

设置"hu"允许超级用户访问和用户 hu 完全控制，zhu 用户有只读权限

（1）设置"hu"文件夹高级安全设置，只允许 administrator 用户访问，取消对"包括可从该对象的父项继承的权限"复选框的选择，如图 3-40 所示。

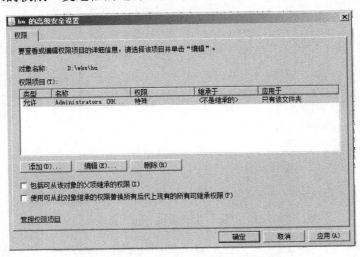

图 3-40　"hu 的高级安全设置"对话框

（2）添加"hu"用户为完全控制权限，如图 3-41 所示。

（3）添加"zhu"用户为完全控制权限，如图 3-42 所示。

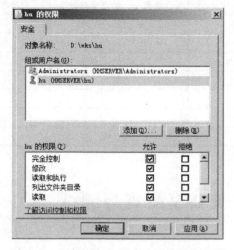

图 3-41　添加"hu"用户为完全控制权限　　　　图 3-42　添加"zhu"用户完全控制权限

（4）测试效果，用 zhu 用户登录，能查看"hu"文件夹，但是不能写入，如图 3-43 所示。

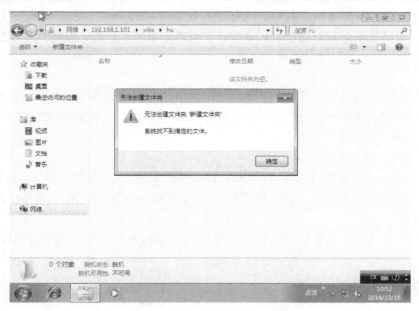

图 3-43　"zhu"用户权限测试

任务评价

评价指标	评价内容	掌握情况		
		掌握	需复习	需指导
知识点	常用文件系统及作用			
	NTFS 文件系统的特点			

续表

评价指标	评价内容	掌握情况		
		掌握	需复习	需指导
技能点	本地用户的创建			
	本地组的创建			
	本地用户权限的设置			
	本地组权限的设置			
	测试权限			
综合自评	满分 100 分			
综合他评	满分 100 分			

工作任务 4　复杂文件和文件夹共享配置与测试

任务背景

海华实业中有很多资源需要共享，同时这些资源又需要一定的隐蔽性，如技术部有些技术文件，能让管理者和开发者两人共享。现有开发者 hu 和 zhu 两位，还有一些公共文件要上传，一些公共文件可以提供下载，老板（boss）除了不能删除文件以外，其他权限都拥有。

任务分析

熟练掌握在服务器系统中添加用户 hu、zhu 和 boss，创建共享文件夹 wks，在 wks 下创建文件夹 hu 和 zhu，download，upload，只允许管理员、本人和 boss 操作文件夹。

任务准备

（1）学生一人一台计算机，计算机内预装Vm Box虚拟机软件，预装完毕的Windows Server 2008 和 Windows 7 虚拟机系统各一，并在虚拟机中挂载 Windows Server 2008 和 Windows 7 操作系统安装光盘镜像。

（2）打开 Vm Box 虚拟机软件，打开预装的 Windows Server 2008 和 Windows 7 虚拟机操作系统。

任务实施

步骤 1　创建文件夹和用户

（1）在 D 盘目录下，创建文件夹 wks，在 wks 下创建文件夹 hu、zhu、download 和 upload，如图 3-44 所示。

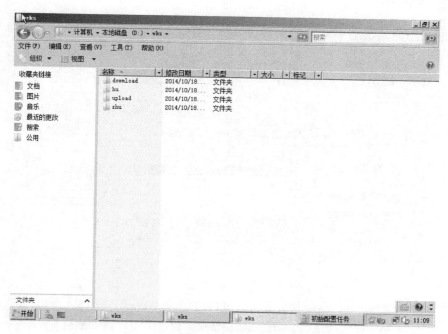

图 3-44 创建文件夹

（2）创建用户 hu 和 zhu，并将 hu 和 zhu 加入到组 wks，以及用户 boss，具体的创建操作方法前面已经学习过，如图 3-45 所示。

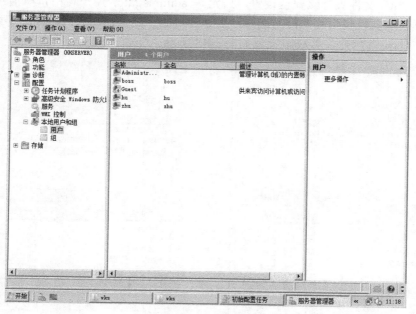

图 3-45 添加用户

步骤 2 设置 wks 文件夹共享权限，允许管理员和 wks 组成员操作

（1）设置 wks 文件夹共享权限，允许所有用户操作，如图 3-46 所示。

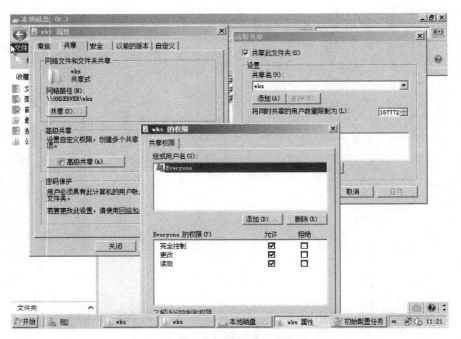

图 3-46　wks 文件夹权限设置

（2）设置"hu"文件夹允许超级用户访问和用户 hu 完全控制。

① 设置"hu"文件夹高级安全设置，只允许 administrator 用户访问，取消对"包括可从该对象的父项继承的权限"复选框的选择，再添加"hu"完全控制权限，如图 3-47 所示。

② 添加"boss"用户，其权限设置如图 3-48 所示。

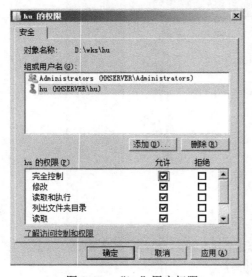

图 3-47　"hu"用户权限

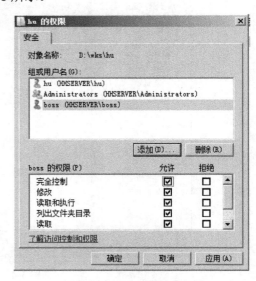

图 3-48　"boss"用户权限

③ 单击"高级"按钮，弹出"hu 的高级安全设置"对话框，如图 3-49 所示。

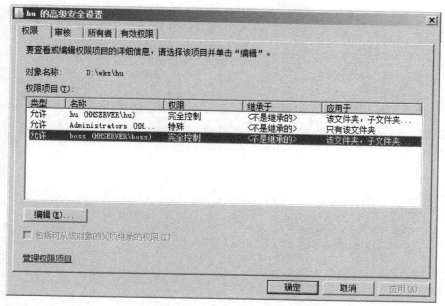

图 3-49 "hu 的高级安全设置"对话框

④ 单击"编辑"按钮设置 boss 用户的权限，如图 3-50 所示。

（3）设置文件夹 zhu 的权限项目，如图 3-51 所示。

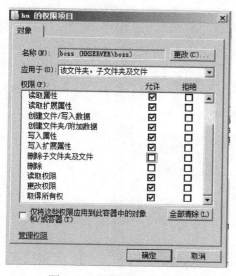

图 3-50 设置 boss 用户的权限

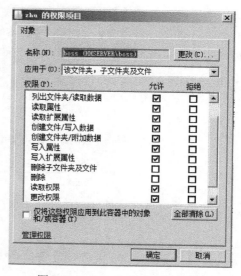

图 3-51 "zhu"用户权限设置

（4）设置 download 文件夹用户权限。

① 设置"download"文件夹高级安全设置，只允许 administrator 用户访问，取消对"包括可从该对象的父项继承的权限"复选框的选择，再添加"boss"删除完全控制权限，如图 3-52 所示。

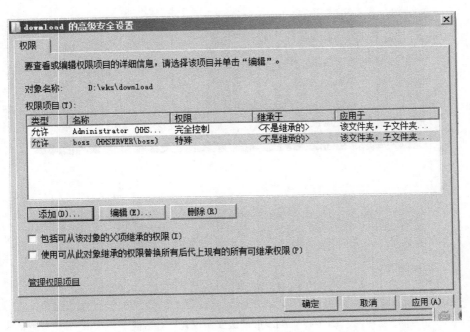

图 3-52 "download 的高级安全设置"对话框

② 添加"wks"组，设置只读权限，如图 3-53 所示。

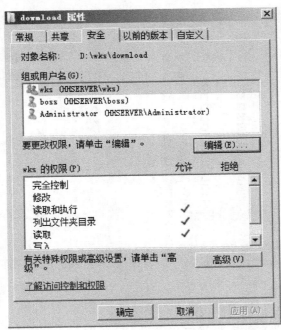

图 3-53 "download 属性"对话框

步骤 3 测试单位开发人员 hu 和 boss 访问服务器共享文件夹只能对相应的文件夹操作

（1）hu 用户登录服务器，测试 download 文件夹，当用户删除，或者修改数据时，会出现如图 3-54 所示提示。

（2）boss 用户登录，能上传文件（夹），也能下载文件（夹），但是不能删除文件（夹），如图 3-55 所示。

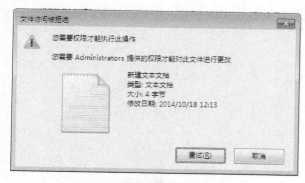

图 3-54 文件拒绝访问提示

图 3-55 文件拒绝访问提示

知识链接

1. 共享权限

（1）完全控制：查看该共享文件夹内的文件名称、子文件夹名称；查看文件内数据、运行程序；遍历子文件夹；向该共享文件夹内添加文件、子文件夹；修改文件内的数据；删除子文件夹及文件；更改权限；取得所有权限。

（2）更改：查看该共享文件夹内的文件名称、子文件夹名称；查看文件内数据、运行程序；遍历子文件夹；向该共享文件夹内添加文件、子文件夹；修改文件内的数据。

（3）读取：查看该共享文件夹内的文件名称、子文件夹名称；查看文件内的数据、运行程序；遍历子文件夹权限。

2. 共享权限累加的规则

权限有累加性：用户对某个文件夹的有效权限是分配给这个用户和该用户所属的所有组的共享权限的总和。

拒绝权限优先于其他权限：当用户对某文件夹拥有"拒绝权限"和其他权限时，拒绝权限优先于其他权限。

3. 共享权限和 NTFS 权限的累加规则

将共享权限和文件夹的 NTFS 权限组合起来，用户最终权限是文件夹的共享权限和 NTFS 权限之中限制最严格的权限。

任务拓展

1. 访问共享文件夹的方法

（1）在网络搜索计算机，如图 3-56 所示。

（2）登录服务器，如图 3-57 所示。

（3）将共享文件夹映射，如图 3-58 所示。

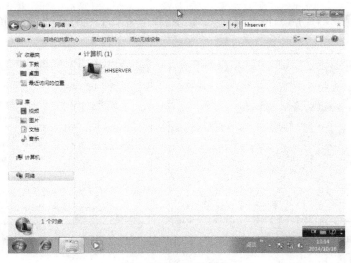

图 3-56　查找计算机

图 3-57　登录服务器

图 3-58　将共享文件夹映射

共享文件映射完成，如图 3-59 所示。

（4）使用"运行"对话框打开，如图 3-60 所示。

图 3-59　共享文件映射完成

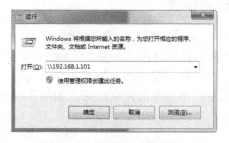

图 3-60　"运行"对话框

2. 设置 upload 文件夹，wks 组成员只能上传，不能下载和查看。

（1）对 upload 文件夹 boss 用户和 Administrator 用户设置安全权限，与 download 一样，如图 3-61 所示。

（2）wks 组权限设置，如图 3-62 所示。

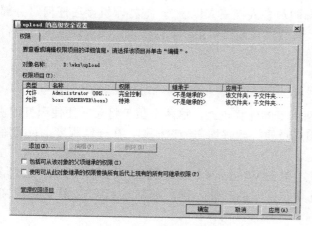

图 3-61 "upload" 权限设置

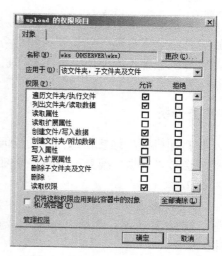

图 3-62 "upload" 组权限设置

任务评价

评价指标	评价内容	掌握情况		
		掌握	需复习	需指导
知识点	常用文件系统及作用			
	NTFS 文件系统的特点			
技能点	本地用户的创建			
	本地组的创建			
	本地用户权限的设置			
	本地组权限的设置			
	测试权限			
综合自评	满分 100 分			
综合他评	满分 100 分			

工作任务 5 安装、配置和访问共享打印机

任务背景

海华实业的财务部由于办公需要，向公司后勤申请了两台 hp LaserJet 2055 激光打印机。但财务部办公室有财务部长一人和财务部职员多人（三人以上），把打印机接在任何财务部成员的计算机上都不方便他人使用打印机，请网络管理员帮忙：如何合理、有效地使用这两台打印机呢？

任务分析

将打印机简单地接在部门中的任何两员工的计算机上，这两个员工将会方便使用打印机，但是也会被"麻烦"缠身，因为其他部门成员要打印时均需经过他们，在一定程度上反而降低了办公效率。

本任务将这两台相同型号的打印机连接到 Windows Server 2008 服务器上，组成打印池共享，并设置权限，让所有的部门成员具有打印的功能，仅财务部长 CWBZ 具有管理文档的权限。

任务准备

（1）学生一人一台计算机，计算机内预装 Oracle VM VirtualBox 虚拟机软件，预装完毕的 Windows Server 2008 和 Windows 7 虚拟机系统各一，并在虚拟机中挂载 Windows Server 2008 和 Windows 7 操作系统安装光盘镜像。

（2）打开 VirtualBox 虚拟机软件，打开预装的 Windows Server 2008 和 Windows 7 虚拟机操作系统。

（3）两台虚拟机的网络连通并测试正常，并在 Windows Server 2008 服务器上新建账户 CWBZ、CW01、CW02、CW03 等，方便测试。

任务实施

步骤 1 在 Windows Server 2008 上添加本地打印机并共享

（1）使用系统管理员账户登录服务器，依次单击"开始"→"控制面板"→"打印机"命令，打开"打印机"窗口，如图 3-63 所示。

（2）双击"添加打印机"，打开"添加打印机"向导，在弹出的"选择本地或网络打印机"对话框中选择"添加本地打印机（L）"，如图 3-64 所示。

（3）在弹出的"选择打印机端口"对话框中根据实际情况选择本地打印机所连接的端口。如图 3-65 所示，我们选择"使用现有的端口（U）"，端口名为：LPT1：（打印机端口），单击"下一步"按钮继续。

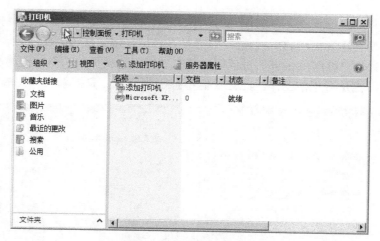

图 3-63 "打印机"窗口

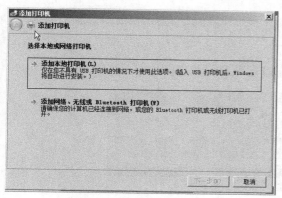

图 3-64 选择本地或网络打印机

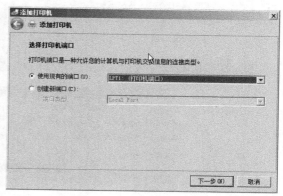

图 3-65 选择打印机端口

（4）在弹出的"安装打印机驱动程序"对话框中选择打印机的厂商和打印机的具体型号。如图 3-66 所示，此处选择 HP 公司的 LaserJet 2100 Series PCL5 激光打印机，单击"下一步"按钮继续。

（5）在弹出的"键入打印机名称"对话框中输入打印机的名称，并选择是否设置为默认打印机。如图 3-67 所示，此处输入打印机名"CWB-printer"，并选中"设置为默认打印机"，单击"下一步"按钮继续。

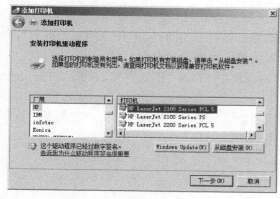

图 3-66 安装打印机驱动程序

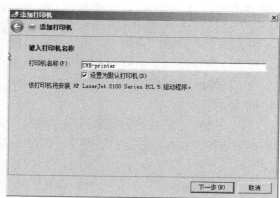

图 3-67 键入打印机名称

（6）安装好打印机后，会弹出如图 3-68 所示的"打印机共享"对话框。此处设置共享打印机，并制定共享名称为：CWB-printer，单击"下一步"按钮继续。

（7）此时会弹出"打印测试页"对话框，单击"打印测试页（P）"按钮将打印一张测试页面，用于查看打印机是否正常工作。此处我们不打印测试页，直接单击"完成"按钮。

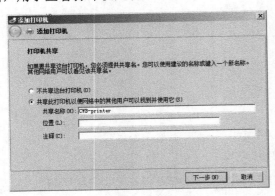

图 3-68　设置打印机共享

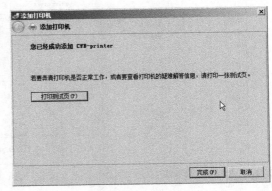

图 3-69　打印测试页

（8）打印机共享完成后，可在"打印机"窗口查看到此打印机，如图 3-70 所示。

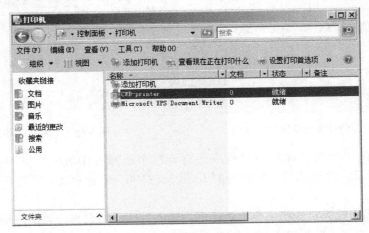

图 3-70　打印机共享完成

步骤 2　在 Windows 7 客户机上添加打印机

（1）执行"开始"菜单→"设备和打印机"命令，将打开如图 3-71 所示的"设备和打印机"窗口，其中显示了当前安装的设备，单击"添加打印机"开启向导。

（2）在弹出的"要安装什么类型的打印机？"对话框中，选择"添加网络、无线或 bluetooth 打印机（M）"。

（3）安装打印机向导会搜索网络打印机，但速度会比较慢。此处我们选择"我需要的打印机不在列表中（R）"，进行手动查找，如图 3-72 所示。

图 3-71 "设备和打印机"窗口

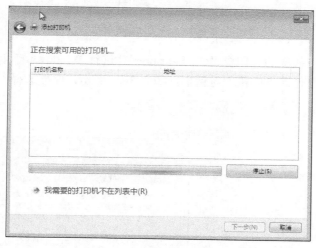

图 3-72 查找打印机

（4）在弹出的对话框中，选中"浏览打印机"单选按钮，如图 3-73 所示，单击"下一步"按钮继续。

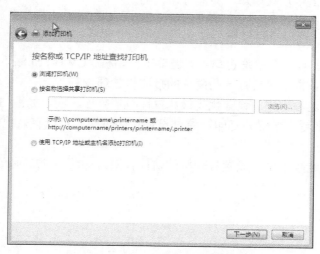

图 3-73 打印机安装并共享完成

（5）选中网络中名为"CWBSERVER"的服务器，在弹出的"输入网络密码"对话框中输入账户和密码。如图 3-74 所示，此处输入财务部长的账户和密码，单击"确定"按钮继续。

图 3-74　输入网络密码

（6）选择服务器中共享的打印机"CWB-printer"，进行 Windows 打印机的安装，此时一般会弹出一个"您是否信任此打印机"对话框，如图 3-75 所示，此处选择"安装驱动程序（I）"。

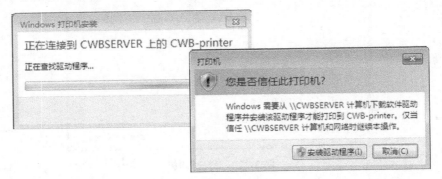

图 3-75　打印机的安装

（7）按安装向导提示步骤操作，完成打印机的安装。

步骤 3　进行打印机管理设置

在服务器上的"打印机"管理窗口，右键单击打印机"CWB-printer"图标，选择"属性"，在弹出的"属性"对话框中可进行一些简单的打印机管理设置。

（1）在"高级"选项卡中，设置优先级和打印机的打印时间，如图 3-76 所示，根据需求调节"优先级"，数字越大越优先打印，通过设置打印时间，可以有效地管理打印机的打印时间段。

（2）在"安全"选项卡中，设置打印机的访问权限，如图 3-77 所示，设置部门不同成员所拥有的打印权限。

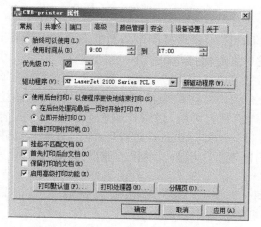

图 3-76 设置优先级和打印机的打印时间　　　　图 3-77 设置打印机访问权限

（3）在"端口"选项卡，设置打印机的端口或设置打印机池。如图 3-78 所示，当多台相同型号的打印机连接到计算机时，可选中"启用打印机池"，并选中连接多台打印机的打印端口，使得客户端只需要安装一个网络打印机的驱动程序，就可以自动寻找其中空闲的打印机进行打印。

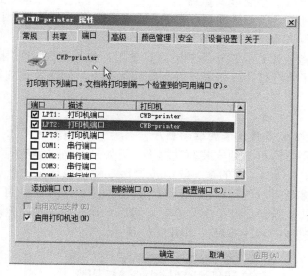

图 3-78 设置打印机池

知识链接

1. 打印机驱动程序

打印机驱动程序是在您的应用程序及打印机之间担任"翻译"的程序。每个打印机都拥有自身的代码及命令的内部语言。应用程序必须使用打印机驱动程序与各种打印机通信。在 Windows 环境中，打印机驱动程序是共享的，免除了每个应用程序都必须有自己驱动程序的麻烦。

2. 打印机连接端口

打印机连接端口是计算机与打印机沟通的物理接口，要打印的文件都通过此端口传送到打印机中。

3．打印机池

打印机池是由一组打印机组成的一个逻辑打印机，它通过打印服务器的多个端口连接到多台打印机。处于空闲状态的打印机便可以接收发送到逻辑打印机的下一份文档。

这对于打印量很大的网络非常有帮助，因为它可以减少用户等待文档的时间。使用打印机池还可以简化管理，因为可以从服务器上的同一台逻辑打印机来管理多台打印机。使用创建的打印池，用户打印文档时不再需要查找哪一台打印机目前可用。逻辑打印机将检查可用的端口，并按端口的添加顺序将文档发送到各个端口。应首先添加连接到快速打印机上的端口，这样可以保证发送到打印机的文档在分配给打印池中的慢速打印机前以最快的速度打印。

4．打印权限

可以将权限分配给使用打印机的人或具有同一类型用户账户的用户组。例如，默认情况下，计算机上 Administrators 组的成员具有管理打印机的权限。

Windows 提供四种类型的打印机权限：

● 打印。默认情况下，每个用户可以打印和取消、暂停或重新启动要发送到打印机的文档或文件。

● 管理文档。如果具有此权限，则可以管理在打印队列中等待的打印机的所有作业，包括由其他用户打印的文档或文件。有关详细信息，请参阅查看打印队列。

● 管理打印机。此权限使您能够重命名、删除、共享和选择打印机的首选项。还使您能够为其他用户选择打印机权限以及管理打印机的所有作业。默认情况下，计算机的 Administrator 组的成员具有管理打印机的权限。

● 特殊权限。这些权限通常仅由系统管理员使用，如果需要，可用于更改打印机所有者。打印机创建者被授权了所有打印机权限，并且默认情况下，创建者是安装打印机的人。

任务拓展

1．在服务器上预安装多种版本的驱动程序

客户端如果想使用打印机必须安装驱动程序，但如果网络中客户机的数量较多，且使用的操作系统不同（如有的是 x64，有的是 x86），安装驱动程序也将是一个烦琐的工作，可以考虑直接在服务器上安装多种系统的打印机驱动程序。方法是：在打印机的"属性"对话框的"共享"选项卡中单击"其他驱动程序（D）"按钮，然后在弹出的"其他驱动程序"对话框中选中安装多种系统的打印机驱动程序即可，如图 3-79 所示。

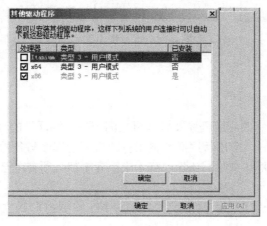

图 3-79　安装其他驱动程序

2. 在客户机安装共享打印机的方法

在客户机安装服务器上的共享打印机，除了上文中介绍的方法处，还可以在资源管理器或浏览器中输入"\\计算机名"或\\IP 地址，找到共享的打印机，右键单击，选择"连接"来方便地安装。

任务评价

通过本任务的学习，给自己的学习打个分吧。

评价指标	评价内容	掌握情况		
		掌握	需复习	需指导
知识点	打印服务器的概念			
技能点	安装打印机驱动			
	安装本地打印机			
	设置共享打印机			
	远程管理打印机			
综合自评	满分 100 分			
综合他评	满分 100 分			

工作任务 6　管理服务器磁盘

任务背景

随着公司信息化要求越来越高，信息量越来越大，数据量不断增加，原有服务器的存储不能满足需求，固然要求在服务器上再增加一块新的硬盘，并分别在这块硬盘上建立主分区、扩展分区和逻辑分区，为了安全，提高存储的速度，创建跨区卷、带区卷、镜像卷和 RAID-5。

任务分析

对服务器基本磁盘进行管理，创建管理动态磁盘。

任务准备

（1）学生一人一台计算机，计算机内预装 Vm Box 虚拟机软件，预装完毕的 Windows Server 2008，并在虚拟机中挂载 Windows Server 2008 操作系统安装光盘镜像。

（2）打开 Vm Box 虚拟机软件，打开预装的 Windows Server 2008。

任务实施

步骤 1　基本磁盘管理

（1）创建主分区，如图 3-80 所示，右击未分配的空间，选择"新建简单卷"命令。

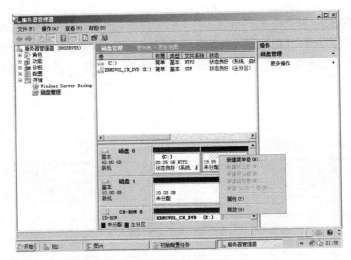

图 3-80　磁盘管理

（2）出现如图 3-81 所示"欢迎使用新建简单卷向导"界面时，单击"下一步"按钮。

（3）设置简单卷的大小，如图 3-82 所示后单击"下一步"按钮。

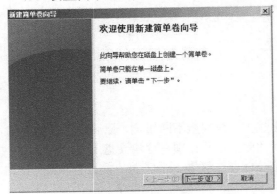

图 3-81　新建简单卷向导

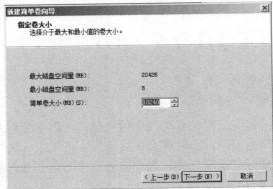

图 3-82　分配空间

（4）选择驱动器号，如图 3-83 所示，单击"下一步"按钮。

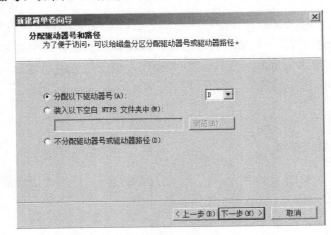

图 3-83　选择驱动器号

（5）默认是要将其格式化的，我们选中"执行快速格式化"，单击"下一步"按钮，如图 3-84 所示。

（6）出现如图 3-85 所示的"正在完成新建简单卷向导"画面时，单击"完成"按钮。

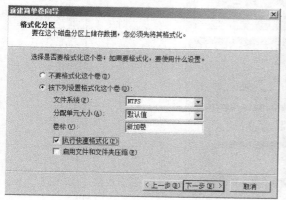

图 3-84　格式化分区

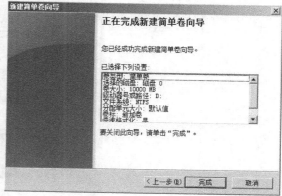

图 3-85　格式化完成

（7）之后系统会将磁盘分区格式化，如图 3-86 所示。

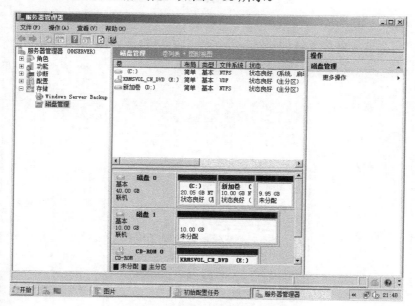

图 3-86　磁盘驱动器界面

步骤 2　创建和管理动态磁盘

（1）基本磁盘转化为动态磁盘。

① 右击"计算机管理"右侧窗口中的"磁盘 0"和"磁盘 1"，选择"转化为动态磁盘"，如图 3-87 所示。

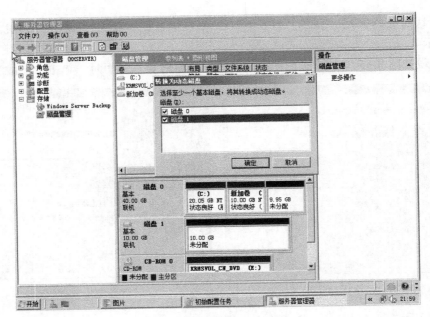

图 3-87 选择磁盘转化动态磁盘

② 单击"确定"按钮。

③ 打开"服务器管理器"就能看到转化好的动态磁盘，如图 3-88 所示。

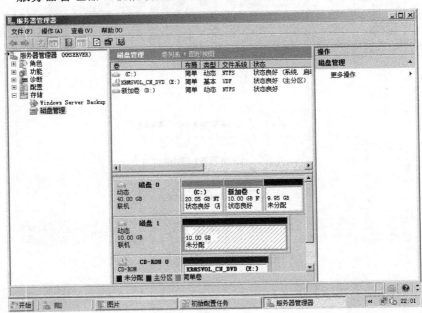

图 3-88 转化为动态磁盘后的效果

（2）创建跨区卷。

① 在"磁盘 0"中选择未指派区域并右击，选择"新建跨区卷"，如图 3-89 所示。

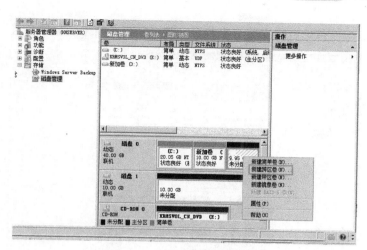

图 3-89 选择"新建跨区卷"

② 在弹出的对话框中单击"下一步"按钮，弹出 "选择磁盘"对话框，将"可用"中的磁盘添加到"已选的"中，并设置"磁盘 0"的空间量，不要超过磁盘 0 的剩余容量，如图 3-90 所示。

（3）单击"下一步"按钮，在打开的对话框中选择"分配以下驱动器号"，如图 3-91 所示。

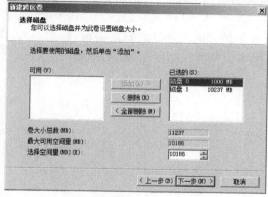

图 3-90 "新建跨区卷"对话框

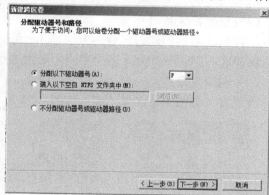

图 3-91 指定驱动器号

④ 单击"下一步"按钮，选择文件系统，格式化磁盘分区，如图 3-92 所示。

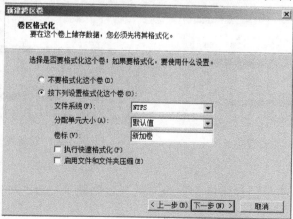

图 3-92 卷区格式化

⑤ 单击"下一步"按钮，完成后观察是否成功，并查看两个磁盘的容量，如图 3-93 所示。

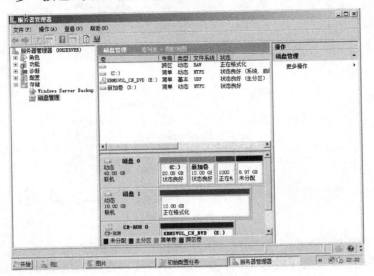

图 3-93 格式化完成

（3）创建带区卷。

创建带区卷和创建跨区卷的方法基本一致，只不过带区卷会让选择的磁盘 1 用尽所有空间，而跨区卷则磁盘 0 分区多少空间，磁盘 1 也用多少空间，如图 3-94 所示。

（4）创建镜像卷。

设置方法与创建带区卷一致，如图 3-95 所示。

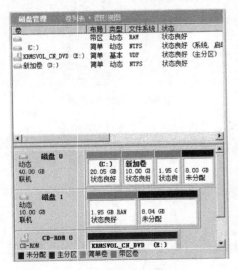

图 3-94 带区卷设置完成

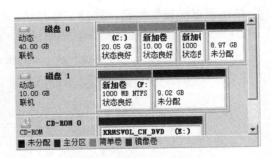

图 3-95 镜像卷设置完成

（5）创建 RAID-5。

创建 RAID-5 的方法与创建跨区卷一致，只不过创建 RAID-5 时需要 3 个动态磁盘，如图 3-96 所示。

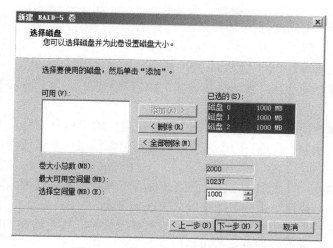

图 3-96　"新建 RAID-5 卷"对话框

知识链接

1．跨区卷

跨区卷是由数个位于不同磁盘的未分配空间组成的一个逻辑卷，也就是说可以将数个磁盘内的未分配空间，合并成一个跨区卷，并赋予一个共同的驱动器号。

特性：

（1）可以选择 2~32 个磁盘内的未分配空间组成跨区卷。

（2）组成跨区卷的大小可以不相同。

（3）写入是从第一个开始，第一个写满之后写第二个，依此类推。

（4）不具备提高磁盘访问效率的功能。

（5）不具备故障转移的功能。

（6）无法做成镜像卷、带区卷或 RAID-5 卷的成员。

（7）可以格式化为 NTFS、FAT32 或 FAT 格式。

（8）可以在 NTFS 格式下进行扩展。

2．带区卷

带区卷是由数个位于不同磁盘的未分配空间组成的一个逻辑卷，也就是说可以将数个磁盘内的未分配空间，合并成一个带区卷，并赋予一个共同的驱动器号。

带区卷的创建与跨区卷的创建基本相同，不同的是：带区卷的每一个成员其容量大小是一样的，且数据写入时平均写到每一个磁盘内。带区卷是所有卷中运行效率最好的卷，有以下特性：

（1）可以选择 2～32 个磁盘内的未分配空间组成带区卷。

（2）带区卷是使用 RAID-0 的技术。

（3）组成带区卷的每个成员，其容量大小必须是相同的。

（4）组成带区卷的成员中不可以包含系统卷与启动卷。

（5）系统在将数据存储到带区卷时，会将数据分成等量的 64KB。例由四个磁盘组成，则会将数据拆成 4 个 64KB 为一组，每次将一组 4 个 64KB 的数据分别写入 4 个磁盘内，这种方式是所有磁盘在同时工作时，可以提升磁盘的访问效率。

（6）不具备故障转移功能。

（7）一旦被建好，就无法再扩大，除非删除重建。

（8）可以格式化成 NTFS、FAT32 或 FAT 格式。

（9）整个带区卷视为一体，无法将其中某个成员单独使用，除非先将整个带区卷删除。

3．镜像卷

镜像卷具备故障转换的功能。可以将一个动态磁盘内的简单卷与另外一个动态磁盘内的未分配空间组成一个镜像卷；或是将两个未分配的可用空间组成一个镜像卷，然后赋予一个逻辑驱动号。其特性如下：

（1）镜像卷的成员只有 2 个，且它们必须是位于不同的动态磁盘内。可以选择一个简单卷与一个未分配的空间，或两个未分配的空间来组成镜像卷。

（2）如果选择将一个简单卷与未分配空间来组成镜像卷，则系统在新建镜像卷的过程中，会将简单卷内的现有数据复制到另一个成员中。

（3）镜像卷使用了 RAIT-1 技术。

（4）组成镜像卷的 2 个卷的容量大小必须是一致的。

（5）组成镜像卷的成员中可以包含启动卷与系统卷。

（6）镜像卷的成员中不可以包含 GPT 磁盘的 EFI 系统的分区。

（7）具有故障转移的能力。

（8）镜像卷一旦被建好，就无法再扩大。

（9）镜像卷可以格式为 NTFS、FAT32 或 FAT 的格式。

（10）整个镜像被视为一体，如果想单独使用的话，先中断镜像关系、删除镜像，或删除此镜像卷。

4．AID-5 卷

RAID-5 卷与带区卷有一点类似，它也是将多个分别位于不同磁盘的未分配空间组成一个逻辑卷，也就是说可以从多个磁盘内分别选取未分配的空间，并将其合并成为一个 RAID-5 卷，然后赋予一个共同的驱动器号。

不过与带区卷的区别是：RAID-5 在存储数据时，会另外根据数据的内容计算出其奇偶校验位，并将奇偶校验数据一并写入 RAID-5 卷内，当某个磁盘出现故障无法读取时，系统可以利用奇偶校验数据推算出该故障磁盘内的数据，让系统能够继续运行，具备故障转移功能，其特性如下：

（1）可以选择 2～32 个磁盘内的未分配空间组成 RAID-5 卷。

（2）组成 RAID-5 卷的每一个成员的容量大小是相同的。

（3）系统在存储数据到 RAID-5 的时候，会将数据分成等量的 64KB，分别同时写入数据与其奇偶校验数据，写完为止。

（4）如果只有其中一块磁盘损坏掉，系统可以正常运行，可以通过奇偶校验来恢复坏掉的数据，但是如果损坏了一块以上磁盘，系统将无法继续运行。

（5）写入效率一般来说会比镜像卷差（视 RAID-5 磁盘成员的数量多少而异），不过读取会比镜像卷好，如果其中一块磁盘损坏了，读写速度都会下降。

（6）RAID-5 卷的磁盘空间有效使用率为 $(N-1)/N$，N 为磁盘的数目。

（7）RAID-5 卷一旦被新建好，就无法再被扩大。

（8）可以被格式化成 NTFS、FAT32 或 FAT 格式。

整个 RAID-5 卷是被视为一体，无法将其中某个成员单独使用，除非先将整个 RAID-5 卷删除。

任务拓展

对已经有的单分区硬盘单机压缩，或者扩展系统盘。

1．压缩计算机单分区硬盘

（1）可以通过右击"计算机管理"，选择"存储"来管理压缩系统盘，如图 3-97 所示。

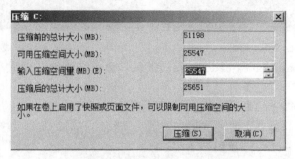

图 3-97　压缩 C：分区

（2）单击"压缩"按钮后系统盘就会腾出空间，如图 3-98 所示。

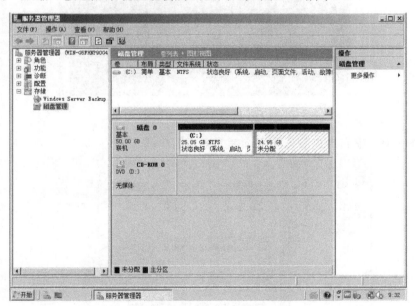

图 3-98　压缩后的效果

（3）同样也可以扩展分区。

2．创建扩展分区

（1）选择"开始"→"命令提示符"→"diskpart"→"Enter"，进行操作，如图 3-99 所示。

（2）输入"select disk 0"命令来选择磁盘 0，如图 3-100 所示。

图 3-99　进入 diskpart

图 3-100　选择磁盘 0

（3）输入"create partition extended size=10000"命令来创建一个大小为 10GB 的扩展分区，如图 3-101 所示。

（4）输入"exit"命令，离开命令提示符环境。

图 3-101　输入扩展区容量

（5）在图 3-102 中右击扩展分区，选择"新建简单卷"。

图 3-102　新建简单卷

（6）出现"欢迎使用新建简单卷向导"界面，单击"下一步"按钮，如图 3-103 所示。

（7）指定卷大小后，单击"下一步"按钮，如图 3-104 所示。

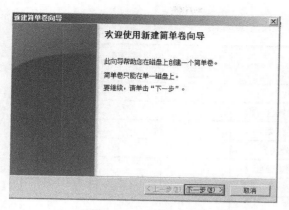

图 3-103 新建简单卷向导

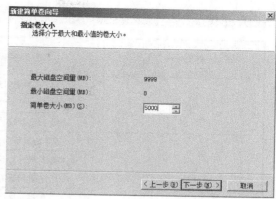

图 3-104 指定卷大小

（8）分配驱动器号和路径，如图 3-105 所示，单击"下一步"按钮。

（9）格式化分区，单击"下一步"按钮，如图 3-106 所示。

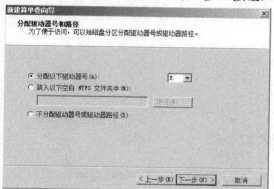

图 3-105 分配驱动器号和路径

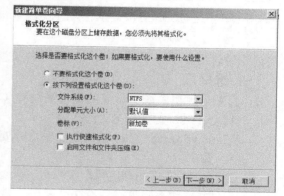

图 3-106 格式化分区

（10）单击"完成"按钮，完成新建简单卷，如图 3-107 所示。

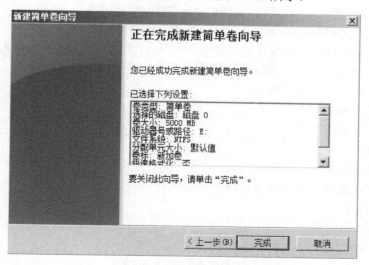

图 3-107 完成新建简单卷

任务评价

评价指标	评价内容	掌握情况		
		掌握	需复习	需指导
知识点	基本磁盘管理			
	动态磁盘管理的概念			
	动态磁盘管理的分类			
技能点	基本磁盘管理分区			
	基本磁盘转化为动态磁盘			
	创建跨区卷			
	创建带区卷			
	创建镜像卷与 RAID-5			
综合自评	满分 100 分			
综合他评	满分 100 分			

思考与练习

一、选择题

1. 目前计算机系统中常见的文件系统有（　　　）。
   A. NTFS　　　　　　B. FAT32　　　　　　C. FAT　　　　　　D. 以上三项都是

2. Windows Server 2008 默认创建账户时要求密码应由（　　）组成。
   A. 数字　　　　　　　　　　　　　　B. 字母
   C. 大写字母和小写字母　　　　　　　D. 大写字母、小写字母和数字

3. 下面哪种动态磁盘必须有 3 个及以上磁盘（　　　）。
   A. 镜像卷　　　　B. 带区卷　　　　C. RAID-5　　　　D. 跨区卷

二、填空题

1. NTFS 的含义是_____。NTFS 文件权限的类型有_____、_____、读取及运行、修改、完全控制。

2. 当在某一用户环境下的某个磁盘的文件夹中新建一个文件夹时弹出拒绝访问，表示该用户没有对该文件的_____权利。

3. 远程管理打印机的格式是_____。

4. 磁盘可以分为_____和_____。

5. 动态磁盘的卷类型有_____、_____、_____、_____、_____。

三、简答题

1. 简述磁盘的分类。

2. 什么是文件系统，它的分类有哪些？

3. 简述 NTFS 的含义。

四、实训题

1. 请举例三种连接共享打印机的方法。

2. 在一台 Windows Server 2008 服务器上添加 4 个磁盘，并且将所有磁盘设置为动态磁盘，要求用 RAID-5 在磁盘中创建一个卷标为 E，容量为 5GB 的分区。

项目 4

构建 DHCP 服务器实现 IP 地址自动分发

项目 4 任务分解图如图 4-1 所示。

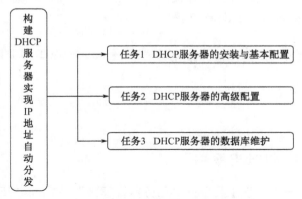

图 4-1　项目 4 任务分解图

随着局域网规模的扩大，局域网中计算机的数量也越来越多。网管员为减轻分配与管理 IP 地址的工作负担，一般都会在局域网中构建 DHCP 服务器，以实现自动分配 IP 地址。而 Windows Server 2008 操作系统提供了 DHCP 服务功能，能有效实现自动分配 IP 地址。

通过本项目的学习，将理解 DHCP 的工作原理、DHCP 的功能，能学会 DHCP 服务器的基本配置，能掌握 DHCP 服务器高级配置及 DHCP 服务器的维护。

工作任务 1　DHCP 服务器的安装与基本配置

任务背景

考虑到日常使用上的安全，海华实业的网管员在公司局域网的基础上，在技术部又搭建了技术部的局域网。该技术部局域网有一台服务器，有 180 多台普通计算机作为客户机。网管员要给这些客户机配置 IP 地址，采用手工配置的方式，需要花费大量的时间，也容易出错，同时不易于维护。因此，为了方便给每台计算机配置 IP 地址，网管员需配置一台 DHCP 服务器，实现对技术部的员工自动分配 IP 地址。

任务分析

为了使技术部 180 多名员工的计算机自动获得 IP 地址，网管员需安装与搭建 DHCP 服务器。DHCP 服务器的 IP 地址为 192.168.20.201/24，能分配给客户机的 IP 地址范围为 192.168.20.1～192.168.20.254，但其中 192.168.20.100 与 192.168.20.105～192.168.20.106 共三个 IP 地址需分配给其他计算机使用。

任务准备

（1）学生一人一台计算机，计算机内预装 Vm Box 虚拟机软件，预装安装完毕的 Windows Server 2008 和 Windows 7 虚拟机系统各一，并在虚拟机中挂载 Windows Server 2008 和 Windows 7 操作系统安装光盘镜像。

（2）打开 Vm Box 虚拟机软件，打开预装的 Windows Server 2008 和 Windows 7 虚拟机操作系统。

（3）设置两台虚拟机的网络连接，详细设置参考图 4-2 所示。

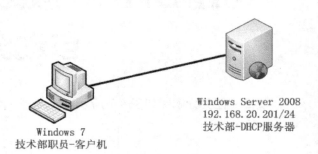

图 4-2　实训网络拓扑图

任务实施

步骤 1 ┃ 安装与配置 DHCP 服务器

（1）单击"开始"→"管理工具"→"服务器管理器"，如图 4-3 所示。

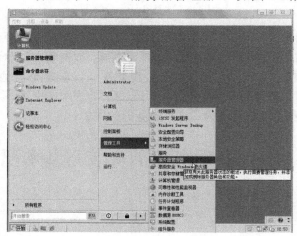

图 4-3　服务器管理器

（2）在弹出的"服务器管理器"界面中单击"角色"，单击"添加角色"，如图 4-4 所示。

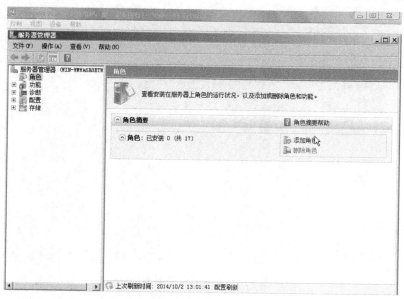

图 4-4　"添加角色"界面

（3）在弹出的"添加角色向导"界面中单击"服务器角色"→选择"DHCP 服务器"，如图 4-5 所示。

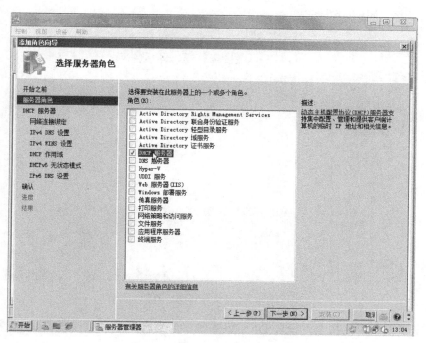

图 4-5　选择 DHCP 服务器界面

（4）单击"下一步"按钮，弹出 DHCP 服务器简介，如图 4-6 所示。

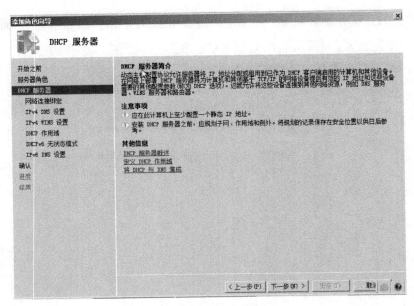

图 4-6　DHCP 服务器简介

（5）单击"下一步"按钮，弹出选择向客户端提供服务的网络连接，即选择 DHCP 服务器，选中 192.168.20.201 的 IP 地址前的复选框，如图 4-7 所示。

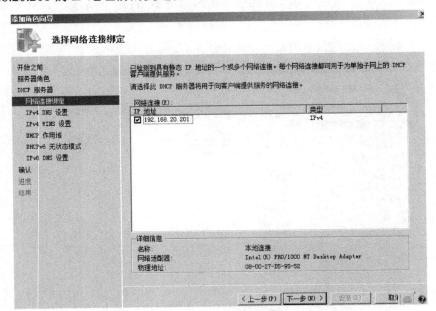

图 4-7　网络连接绑定界面

（6）单击"下一步"按钮，设置 DNS 服务器。如果客户端需要获得 DNS 服务器，这就需要进行相应的设置，如图 4-8 所示。

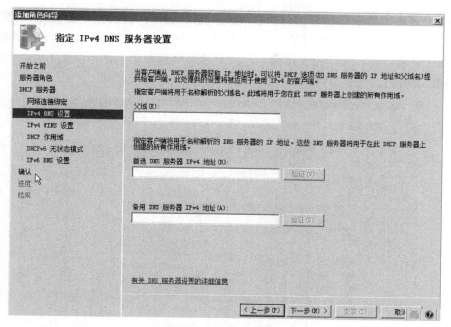

图 4-8 DNS 设置界面

（7）单击"下一步"按钮，设置"WINS 服务器"，如图 4-9 所示。

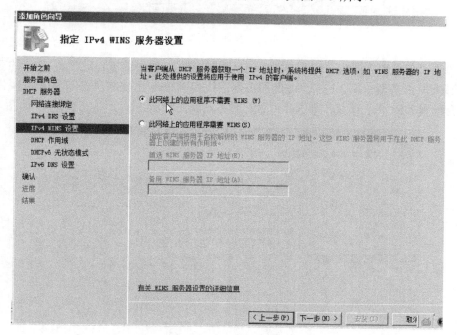

图 4-9 WINS 设置界面

（8）单击"下一步"按钮，设置"DHCP 作用域"，在弹出的"添加或编辑 DHCP 作用域"对话框中，单击"添加"按钮，弹出"添加作用域"对话框，如图 4-10 所示。在"作用域名称"文本框中，输入"技术部"（注：作用域名称要做到"见名知意"）；在"起始地址"与"结束地址"文本框中输入能分配给客户主机的地址范围，即 192.168.20.101～192.168.20.254；在

网络操作系统（Windows Server 2008）

"子网掩码"文本框中输入地址范围内的 IP 地址所对应的子网掩码，即 255.255.255.0；在"默认网关"文本框中，输入该作用域的路由器或者默认网关的 IP 地址；在"子网类型"文本框中，选择 DHCP 的租期，有线的租期为 6 天，无线的租期为 8 小时，设置完后，单击"确定"按钮。这时已成功创建一个作用域。

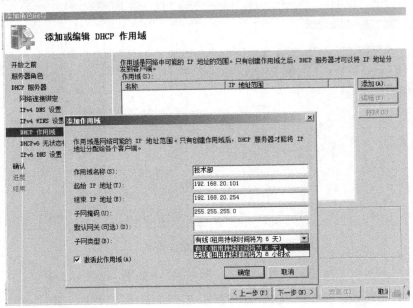

图 4-10　添加作用域界面

（9）单击"下一步"按钮，配置 DHCPv6 无状态模式。如果希望自动配置 IPv6 的客户端，而不使用该 DHCP 服务器，那么选择"对此服务器启用 DHCPv6 无状态模式"；如果希望使用 DHCP 管理控制台配置 DHCPv6 模式，则选择"对此服务器禁用 DHCPv6 无状态模式"，如图 4-11 所示。

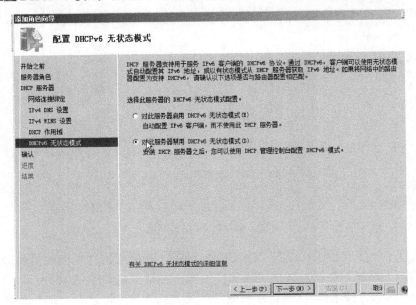

图 4-11　配置 DHCPv6 无状态模式

（10）单击"下一步"按钮，进入安装确认界面，如图4-12所示。

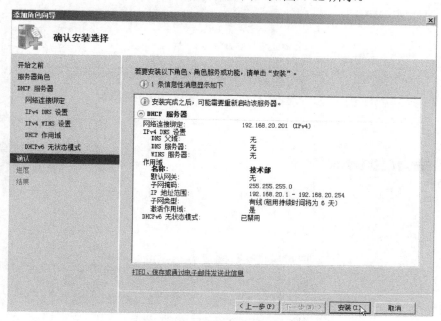

图 4-12　DHCP 服务器"确认"界面

（11）单击"安装"按钮，进入安装 DHCP 服务，如图4-13所示，直至安装成功，如图4-14所示。

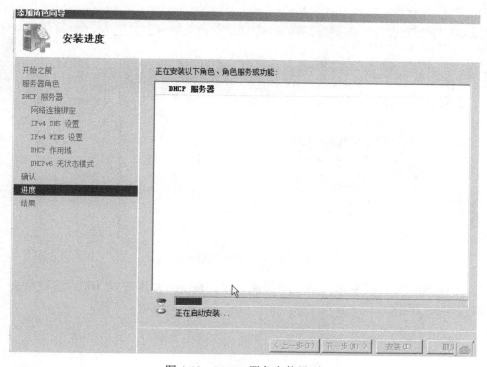

图 4-13　DHCP 服务安装界面

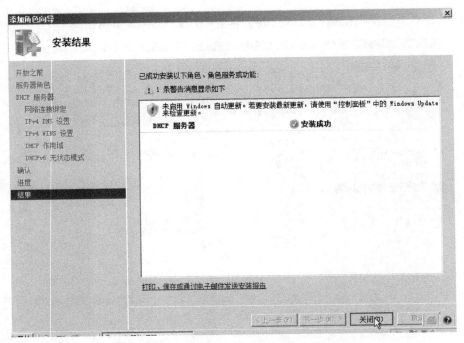

图 4-14　DHCP 服务安装成功界面

（12）在服务器管理器中，单击"角色"→"DHCP 服务器"→"win-wnwa6r8etw5"→"IPv4"
→"作用域[192.168.20.0]技术部"，右击"地址池"，在弹出的快捷菜单中，选择"新建排除范
围"选项，如图 4-15 所示。

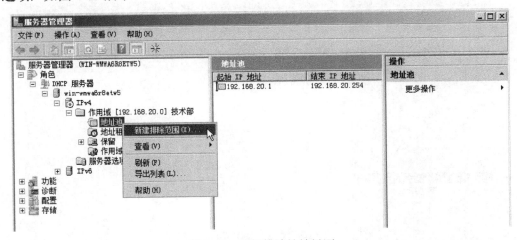

图 4-15　选择排除地址界面

（13）在弹出的对话框中输入第一个排除地址，即为 192.168.20.100，然后单击"添加"
按钮，如图 4-16 所示。

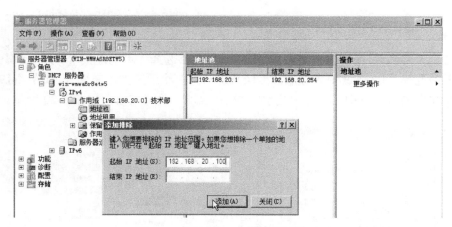

图 4-16　添加第一个排除地址界面

（14）在弹出的对话框中输入第二段排除地址，即为 192.168.20.105～192.168.20.106，然后单击"添加"按钮，如图 4-17 所示。排除地址添加完后，单击"关闭"按钮。

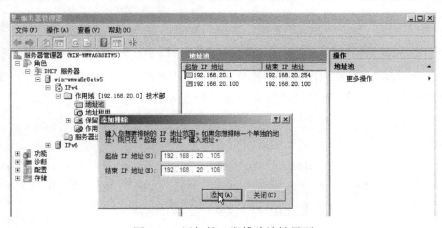

图 4-17　添加第二段排除地址界面

（15）右击"作用域[192.168.20.0]技术部"，在弹出的菜单中选择"激活"项，激活该作用域，如图 4-18 所示。

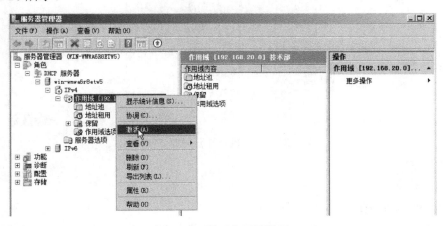

图 4-18　激活作用域界面

网络操作系统（Windows Server 2008）

步骤2 验证客户端主机自动获得的 IP 地址

（1）右击"网络"，在弹出的菜单中选择"属性"，选择"本地连接"，单击"属性"，在弹出的对话框中选择"Internet 协议版本 4（TCP/IPv4）"，然后单击"属性"，如图 4-19 所示。

（2）在弹出的对话框中，选中"自动获得 IP 地址"单选按钮，如图 4-20 所示。

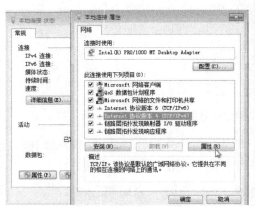

图 4-19　IP 地址设置属性界面

图 4-20　设置客户端主机自动获得 IP 地址

（3）右击"网络"，在弹出的菜单中选择"属性"，选择"本地连接"，单击"详细信息"，即可查看客户端自动获得的 IP 地址等网络信息，如图 4-21 所示。

图 4-21　客户机自动获得的 IP 地址

知识链接

1．DHC 服务的功能

DHCP（Dynamic Host Configuration Protocol，动态主机配置协议）是一个局域网的网络协

议。DHCP 服务能实现自动为客户端主机分配 IP 地址与提供主机配置参数，从而有效减轻网管员的工作负担。

2．DHCP 服务器

能提供 DHCP 服务的计算机，称为 DHCP 服务器。

3．DHP 客户机

能自动获得 IP 地址的计算机，称为 DHCP 客户机。

4．DHCP 服务的工作过程

DHCP 请求 IP 地址的过程如下：

（1）客户端主机发送 DHCPDISCOVER 广播包在网络上寻找 DHCP 服务器；

（2）DHCP 服务器向客户端主机发送 DHCPOFFER 广播数据包，包含 IP 地址、MAC 地址、域名信息以及地址租期；

（3）客户端主机发送 DHCPREQUEST 广播包，正式向 DHCP 服务器请求分配已提供的 IP 地址；

（4）DHCP 服务器向客户端主机发送 DHCPACK 单播包，确认客户端主机的请求。

5．作用域

作用域指一段连续 IP 地址的集合，一个作用域包含了一个子网中希望对 DHCP 客户端所租约和分配的所有 IP 地址。DHCP 客户端向 DHCP 服务器请求 IP 地址时，DHCP 服务器将从其作用域里选择没被分配的 IP 地址给请求的 DHCP 客户端。同一个网段只能创建一个作用域，即在一个子网中只可以建立一个作用域，但是一个 DHCP 服务器可以多个作用域，这时要通过 DHCP 中继代理实现跨子网的 DHCP 管理。

6．地址范围

在用户定义了 DHCP 范围及排除范围后，剩余的地址组成了一个地址池，地址池中的地址可以动态分配给网络中的客户机使用，这个地址池也称之为地址范围。地址范围一般用起始地址与结束地址来表示。

7．排除地址

排除地址是不用于分配的 IP 地址。被排除的 IP 地址不会被 DHCP 服务器分配给 DHCP 客户机。

8．DHCP 服务的优点

（1）减轻网管员的工作量；

（2）减少输入因手工输入错误的可能；

（3）避免 IP 地址冲突；

（4）当计算机移动或当网络更改 IP 地址段时，不必重新配置 IP；

（5）提高了 IP 地址的利用率。

任务评价

通过本任务的学习，给自己的学习打个分吧。

评价指标	评价内容	掌握情况		
		掌握	需复习	需指导
知识点	DHCP 服务工作原理			
	DHCP 服务功能			
	DHCP 服务器			
	DHCP 客户机			
	作用域			
	排除地址			
技能点	DHCP 服务的安装			
	DHCP 服务的基本配置			
	作用域的创建与管理			
	排除地址的创建			
	客户端主机的设置			
综合自评	满分 100 分			
综合他评	满分 100 分			

工作任务 2　DHCP 服务器的高级配置

任务背景

海华实业的网管员采用 DHCP 服务器实现了给公司技术部 180 多台普通计算机自动分配 IP 地址。然而，为了员工能正常访问网络，网管员除了给员工的计算机自动分配 IP 地址外，还要实现为员工自动分配默认网关、DNS 等网络参数。同时有个别员工的计算机上连接网络打印机，其他员工希望连接网络打印机的计算机所获得的 IP 地址固定不变。

任务分析

为使员工能正常接入网络，网管员要实现公司技术部 180 多台普通计算机能自动获得 IP 地址，同时还需让这些员工自动获得默认网关为 192.168.20.100，DNS 为 202.101.172.35。因技术部小刘的计算机连接一台网络打印机，网管员需让小刘的计算机自动获得固定的 IP 地址为 192.168.20.50，默认网关为 192.168.20.100，DNS 为 202.101.172.35。

任务准备

（1）学生一人一台计算机，计算机内预装 Vm Box 虚拟机软件，预装安装完毕的 Windows Server 2008 和 Windows 7 虚拟机系统各一，并在虚拟机中挂载 Windows Server 2008 和 Windows 7 操作系统安装光盘镜像。

（2）打开 Vm Box 虚拟机软件，打开预装的 Windows Server 2008 和 Windows 7 虚拟机操作系统。

（3）设置两台虚拟机的网络连接，详细设置参考图 4-22 所示。

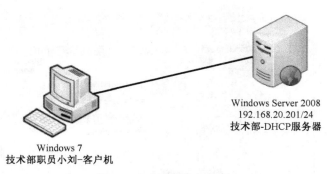

Windows Server 2008
192.168.20.201/24
技术部-DHCP服务器

Windows 7
技术部职员小刘-客户机

图 4-22 实训网络拓扑图

任务实施

步骤 1 在完成工作任务 1 的基础上，进行如下配置

步骤 2 新建 DHCP 服务中的保留地址

（1）在服务器管理器中，单击"角色"→"DHCP 服务器"→"win-wnwa6r8etw5"→"IPv4"
→"作用域[192.168.20.0]技术部"，右击"保留地址"，在弹出的菜单中选择"新建保留"，如
图 4-23 所示。

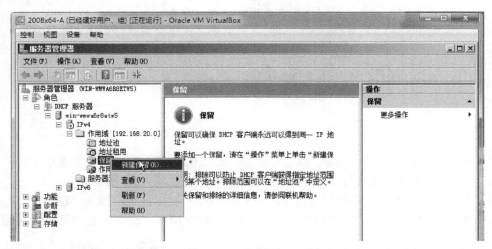

图 4-23 配置保留

（2）在"保留名称"文本框中，输入保留地址的名称，即为"小刘"（注：尽量做到见
名知意）；在"IP 地址"文本框中，输入要保留的 IP 地址，即为 192.168.20.50；在"MAC
地址"文本框中，输入小刘电脑的 MAC 地址，即为 08：00：27：5B：EE：46；在"支持
的类型"中，选中"两者"单选按钮，最后单击"添加"按钮，如图 4-24 所示。

图 4-24　添加保留地址

步骤 3　　配置 DHCP 服务中的 DNS 及默认网关

（1）单击"保留"前的"+"号，右击"[192.168.20.50]小刘"，在弹出的菜单中选择"配置选项"，如图 4-25 所示。

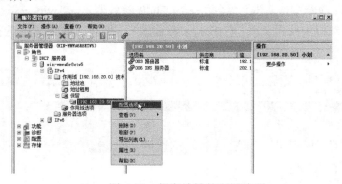

图 4-25　保留地址的配置选项

（2）在弹出的对话框中，选中"003 路由器"复选框，在"IP 地址"文本框中，输入"默认网关"，即为 192.168.20.100，然后单击"添加"按钮，如图 4-26 所示。

（3）选中"006DNS 服务器"复选框，在"IP 地址"文本框中，输入"DNS 的 IP 地址"，即为 202.101.172.35，然后单击"添加"按钮，如图 4-27 所示，最后单击"确定"按钮。

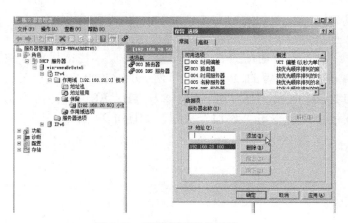

图 4-26　配置保留默认网关

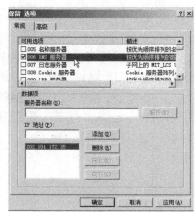

图 4-27　配置保留 DNS

步骤 4　客户端验证

（1）右击"网络"，在弹出的菜单中选择"属性"→"本地连接"，单击"属性"按钮，在弹出的对话框中选择"Internet 协议版本 4（TCP/IPv4）"，然后单击"属性"按钮，如图 4-28 所示。

（2）在弹出的对话框中，选中"自动获得 IP 地址"单选按钮，如图 4-29 所示。

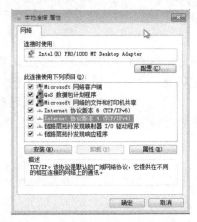

图 4-28　IP 地址设置属性界面

图 4-29　设置客户端主机自动获得 IP 地址

（3）右击"网络"，在弹出的菜单中选择"属性"→"本地连接"，单击"详细信息"，即可查看客户端自动获得的 IP 地址等网络信息，如图 4-30 所示。

图 4-30　客户机自动获得的 IP 地址

知识链接

1．默认网关

一段网络通向另外的网络的一个地址，通常为路由器地址。默认网关是指一台主机如果找不到可用的网关，就把数据包发给默认指定的网关，由这个网关来处理数据包。比如有网络 A 和网络 B，网络 A 的 IP 地址范围为"192.168.10.1～192.168.10.254"，子网掩码为 255.255.255.0；网络 B 的 IP 地址范围为"192.168.20.1～192.168.20.254"，子网掩码为 255.255.255.0。在没有路由器的情况下，两个网络之间是不能进行 TCP/IP 通信的，即使是两个网络连接在同一台交换机（或集线器）上，TCP/IP 协议也会根据子网掩码（255.255.255.0）判定两个网络中的主机处在不同的网络里。而要实现这两个网络之间的通信，则必须通过网关。如果网络 A 中的主机发现数据包的目的主机不在本地网络中，就把数据包转发给它自己的网关，再由网关转发给网络 B 的网关，网络 B 的网关再转发给网络 B 的某个主机。网络 B 向网络 A 转发数据包的过程也是如此。所以说，只有设置好网关的 IP 地址，TCP/IP 协议才能实现不同网络之间的相互通信。默认网关的设定有手动设置和自动设置两种方式。

2．DNS

DNS 是域名系统（Domain Name System）的缩写，该系统用于命名组织到域层次结构中的计算机和网络服务。在 Internet 上域名与 IP 地址之间是一对一（或者一对多）的，域名虽然便于人们记忆，但机器之间只能互相认识 IP 地址，它们之间的转换工作称为域名解析，域名解析需要由专门的域名解析服务器来完成，DNS 就是进行域名解析的服务器。它包括两个功能：将域名解析成 IP 地址，以及将 IP 地址转换成域名。

3．保留地址

保留地址是指将地址池内的某个或某些地址分配给固定的客户，即将客户端 MAC 与地址池中某 IP 建立对应关系的地址。

4．保留地址与拆除地址的区别

保留地址是为有特殊需求的主机分配固定的 IP 地址，即当主机关机再开机后仍百分百获得同样的 IP 地址，此 IP 地址只为这个主机用。

排除地址：地址池中的某些 IP 地址不想分配或是不能分配。例如服务器、网关使用的 IP 地址，若分配出去会引起网络中 IP 冲突，导致不能上网。

任务评价

通过本任务的学习，给自己的学习打个分吧。

评价指标	评价内容	掌握情况		
		掌握	需复习	需指导
知识点	默认网关、DNS 参数			
	保留地址			
技能点	能配置 DHCP 服务器			
	能配置默认网关参数			
	能配置 DNS 参数			
	能创建保留地址			
综合自评	满分 100 分			
综合他评	满分 100 分			

工作任务 3　DHCP 服务器的数据库维护

任务背景

为避免 DHCP 服务器的数据丢失，影响客户端 IP 地址等相关信息的获取，网管员经常备份 DHCP 服务器数据库文件，当出现问题时，网管员可以及时将原来 DHCP 服务器数据库文件还原。后来，海华实业企业因技术部业务需求，需重新更换一台新的 DHCP 服务器，公司网管员需将原来 DHCP 服务器数据库文件进行备份，并将原来 DHCP 服务器数据库文件移植到新的 DHCP 服务器中。

任务分析

为防止 DHCP 服务器（192.168.20.201）数据库数据丢失，影响客户机不能获得 IP 地址等网络参数。网管员需对技术部的 DHCP 服务器（192.168.20.201）数据库文件进行备份，当该台服务器出现问题时，备份好的数据还原回该服务。将同时将备份好的数据还原到新的 DHCP 服务器（192.168.20.202）。

任务准备

（1）学生一人一台计算机，计算机内预装 Vm Box 虚拟机软件，预装完毕的 Windows Server 2008 虚拟机系统两台，并在虚拟机中挂载 Windows Server 2008 操作系统安装光盘镜像。

（2）打开 Vm Box 虚拟机软件，打开预装的 Windows Server 2008 虚拟机操作系统，详细设置参考图 4-31 所示。

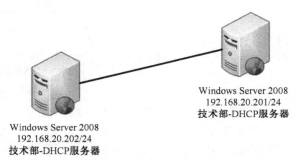

Windows Server 2008
192.168.20.201/24
技术部-DHCP服务器

Windows Server 2008
192.168.20.202/24
技术部-DHCP服务器

图 4-31　两台 DHCP 服务器拓扑图

任务实施

DHCP 服务器数据库文件的备份与还原有两种方式，第一种方法是通过 DHCP 服务器中的内置备份与还原功能；第二种方法采用命令的方式实现。

（一）利用内置工具备份与还原 DHCP 服务器

1．利用内置工具备份 DHCP 服务器

（1）在服务器管理器中，单击"角色"→"DHCP 服务器"，再右击"win-wmwa6r8etw5"，在弹出的菜单中选择"备份"，如图 4-32 所示。

图 4-32　备份选项

（2）在弹出路径选择对话框中，选择存放备份文件的路径，如 D:\dhcp 备份，单击"确定"按钮，如图 4-33 所示。

图 4-33　选择路径

2．利用内置工具还原 DHCP 服务器

（1）在服务器管理器中，单击"角色"→"DHCP 服务器"，再右击"win-wmwa6r8etw5"，在弹出的菜单中选择"还原"，如图 4-34 所示。

图 4-34　还原选项

（2）弹出路径选择对话框，选择备份文件的路径及备份文件名，单击"确定"按钮，如图 4-35 所示。

图 4-35　选择备份文件的路径

（3）弹出需重启 DHCP 服务的警告对话框，单击"确定"按钮，如图 4-36 所示。

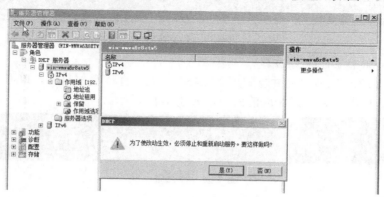

图 4-36　重启服务对话框

（二）利用命令备份与还原 DHCP 服务器

1. 利用命令备份 DHCP 服务器

（1）单击"开始"菜单，选择"命令提示符"，如图 4-37 所示。

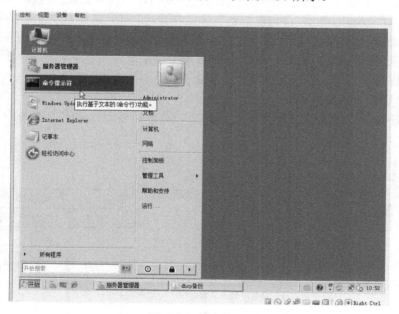

图 4-37　打开 DOS

（2）输入 DHCP 服务器数据库数据备份的命令，如图 4-38 所示。

图 4-38　输入备份命令

2. 利用命令还原 DHCP 服务器

单击开始菜单，选择命令提示符（同上），输入还原命令，如图 4-39 所示。

```
C:\Users\Administrator>netsh dhcp server import d:\dhcp备份\dhcp.txt all
命令成功完成。
```

图 4-39　还原命令

3．利用命令移植 DHCP 服务器

把 192.168.20.201 的备份文件复制到 192.168.20.202 的 D 盘根目下，单击"开始"菜单，选择命令提示符（同上），输入相应的命令，如图 4-40 所示。

```
C:\Users\Administrator>netsh dhcp server import d:\dhcp.txt all
命令成功完成。
```

图 4-40　移植命令

知识链接

1．DHCP 服务器数据库备份

DHCP 服务器的数据是需要管理员进行备份，定期的备份可以预防不可预料的服务器异常或黑客攻击，定期的备份数据是一个管理员应该养成的好习惯。如果服务器出现了任何异常，管理员只需要重新安装服务器，再将以前备份的数据还原，即可恢复 DHCP 服务器以前的功能。

2．DHCP 服务器数据库还原

当 DHCP 服务器出现问题时，或者 DHCP 服务不能正常工作时，网管员可以将备份好的 DHCP 服务器数据库还原，以快速恢复正常状态。

3．DHCP 服务器数据库移植

将一台 DHCP 服务器备份好后，将该备份文件还原到另一台 DHCP 服务器上。

任务评价

通过本任务的学习，给自己的学习打个分吧。

评价指标	评价内容	掌握情况		
		掌握	需复习	需指导
知识点	DHCP 服务器数据库备份			
	DHCP 服务器数据库还原			
	DHCP 服务器移植			
技能点	使用内置工具备份 DHCP 数据库			
	使用内置工具还原 DHCP 数据库			
	使用命令备份 DHCP 服务器数据库			
	使用命令备份 DHCP 服务器数据库			
	使用命令移植 DHCP 服务器			
综合自评	满分 100 分			
综合他评	满分 100 分			

项目 5

构建 DNS 服务器实现用域名访问网页

项目 5 任务分解图如图 5-1 所示。

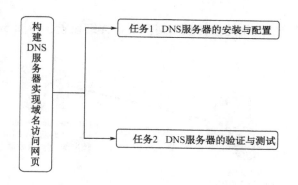

构建 DNS 服务器实现域名访问网页 —— 任务1 DNS服务器的安装与配置

任务2 DNS服务器的验证与测试

图 5-1 项目 5 任务分解图

现大部分企业都有自己的网站，企业网络管员配置 Web 服务器发布企业网站，使得用户可以使用 IP 地址访问网站。但由于 IP 地址不方便，也不易记忆，用户使用 IP 地址的方式访问网站带来很多困难。用户希望使用方便、易记的域名来访问网站。而 Windows Server 2008 网络应用服务提供 DNS 服务，网络管员通过安装与配置 DNS 服务器能将域名解析成相应的 IP 地址，同时企业内网邮件服务器也是需要 DNS 服务器来实现域名与 IP 地址之间的互转。

通过本项目的学习，将理解 DNS 服务器的工作原理及 DNS 服务器功能，能熟练安装 DNS 服务器，建立正向查找区域，建立反向查找区域，添加相应的资源记录，掌握验证 DNS 服务，会规划 DNS 服务器。

工作任务 1 DNS 服务器的安装与配置

任务背景

海华实业技术部已经有内部网站及 FTP 站点，需要员工访问。员工希望通过域名来访问技术部内部网站及 FTP 站点。网管员规划访问财务部内部网站的 IP 地址为 192.168.20.201，域名为 www.hhsy.cn；访问 FTP 站点的 IP 地址为 192.168.20.201，域名为 ftp.hhsy.cn。

任务分析

由于域名便于使用与记忆，公司员工希望通过域名来访问内部网站及 FTP 站点。为此，网管员需要安装配置 DNS 服务器，创建 hhsy.cn 正向查找区域，添加 www 和 ftp 主机记录的方式，使得 www.hhsy.cn 能正确解析到 192.168.20.201，ftp.hhsy.cn 能正确解析到 192.168.20.201，从而实现公司员工能使用 www.hhsy.cn 访问公司内部网站，并使用 ftp.hhsy.cn 访问 FTP 站点。

任务准备

（1）学生一人一台计算机，计算机内预装 Vm Box 虚拟机软件，预装完毕的 Windows Server 2008 和 Windows 7 虚拟机系统各一，并在虚拟机中挂载 Windows Server 2008 和 Windows 7 操作系统安装光盘镜像。

（2）打开 Vm Box 虚拟机软件，打开预装的 Windows Server 2008 和 Windows 7 虚拟机操作系统。

（3）设置两台虚拟机的网络连接并且网络互通，详细设置参考图 5-2。

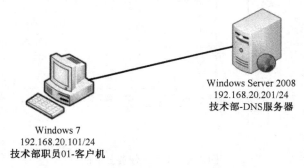

Windows Server 2008
192.168.20.201/24
技术部-DNS服务器

Windows 7
192.168.20.101/24
技术部职员01-客户机

图 5-2 实训网络拓扑图

任务实施

步骤 1 安装 DNS 服务器

（1）单击"开始"→"管理工具"→"服务器管理器"，如图 5-3 所示。

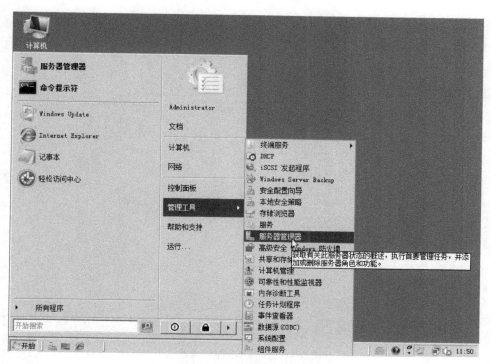

图 5-3　启动服务器管理器

（2）在弹出的"服务器管理器"界面中单击"角色"，再单击"添加角色"，如图 5-4 所示。

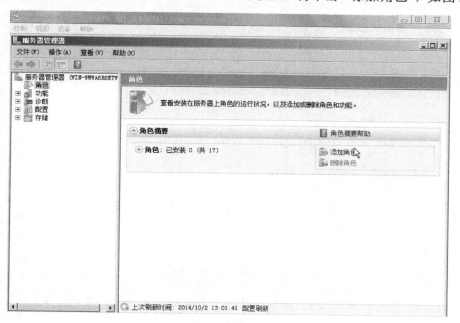

图 5-4　"添加角色"界面

（3）在弹出的"添加角色向导"界面中单击"服务器角色"，选择"DNS 服务器"，单击"下一步"按钮，如图 5-5 所示。

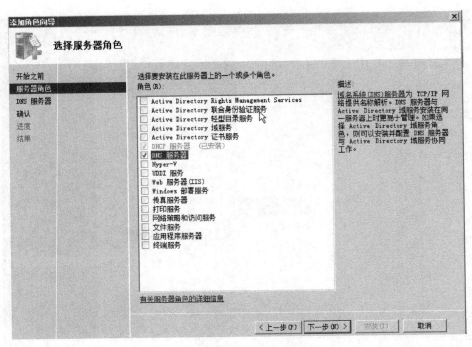

图 5-5　选择 DNS 服务器界面

（4）单击"下一步"按钮，进入"确认"界面，如图 5-6 所示。

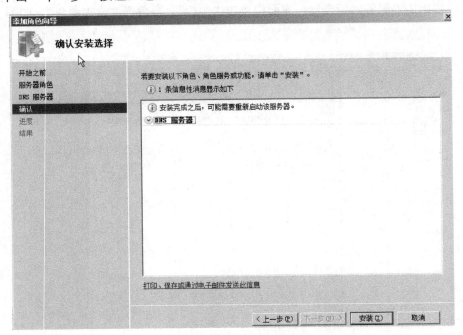

图 5-6　DNS 服务器"确认"界面

（5）单击"安装"按钮，进入安装 DNS 服务，如图 5-7 所示，直至安装成功，如图 5-8 所示。

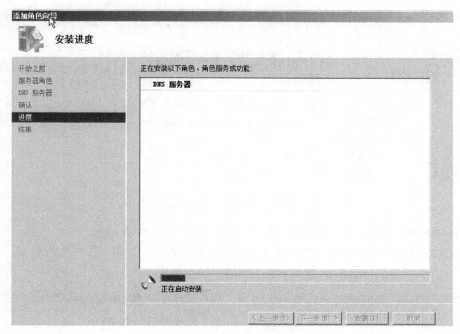

图 5-7 DNS 安装过程

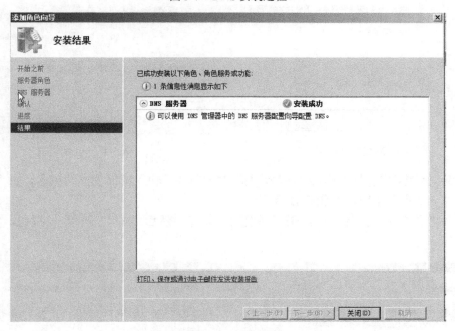

图 5-8 DNS 安装完成

步骤 2 创建正向查找区域

（1）在服务器管理器中，单击"角色"→"DNS 服务器"→"WIN-WMWA6R8ETW5"，右击"正向查找区域"，在弹出的菜单中选择"新建区域"，如图 5-9 所示。

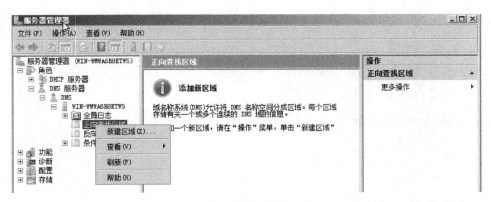

图 5-9 新建正向查找区域

（2）在"新建区域向导"中单击"下一步"按钮，如图 5-10 所示。

（3）在"区域类型"界面中，选中"主要区域"单选按钮，单击"下一步"按钮，如图 5-11 所示。

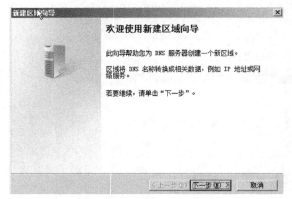

图 5-10 新建区域向导

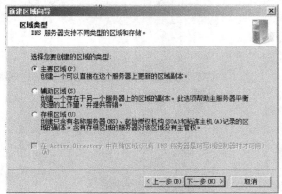

图 5-11 区域类型

（4）在"区域名称"界面中的"区域名称"文本框中，输入所需创建的域名，如"hhsy.cn"，然后单击"下一步"按钮，如图 5-12 所示。

（5）在"区域文件"界面中，采用系统默认设置，然后单击"下一步"按钮，如图 5-13 所示。

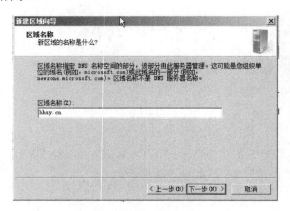

图 5-12 输入区域的名称

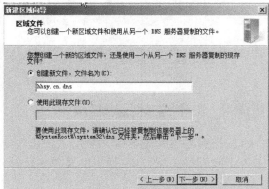

图 5-13 创建区域文件界面

（6）在"动态更新"界面中，选中"不允许动态更新"单选按钮，然后单击"下一步"按钮，如图 5-14 所示。

（7）在弹出的向导界面中，单击"完成"按钮，则完成正向查找区域的创建，如图 5-15 所示。

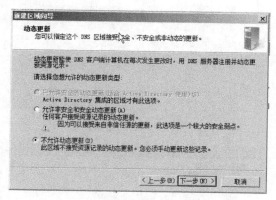

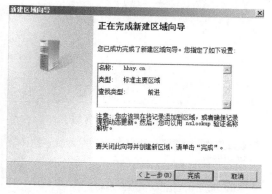

图 5-14　选择动态更新界面　　　　　　　　图 5-15　完成正向查找区域的创建

步骤 3　创建反向查找区域

（1）右击"反向查找区域"，在弹出的菜单中选择"新建区域"，如图 5-16 所示。

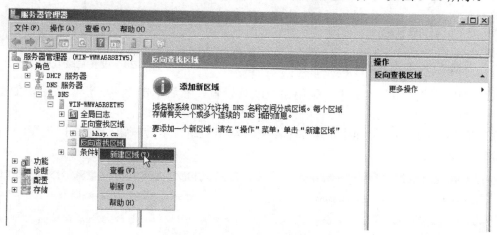

图 5-16　新建反向查找区域

（2）弹出"新建区域向导"界面，单击"下一步"按钮，如图 5-17 所示。

（3）在"区域类型"界面中，选中"主要区域"单选按钮，单击"下一步"按钮，如图 5-18 所示。

（4）在"反向查找区域名称"界面中，选中"IPv4 反向查找区域"单选按钮，然后单击"下一步"按钮，如图 5-19 所示。

（5）在"反向查找区域名称"界面中的"网络 ID"标题栏下，输入域名要解析的 IP 地址，如"192.168.20"，然后单击"下一步"按钮，如图 5-20 所示。

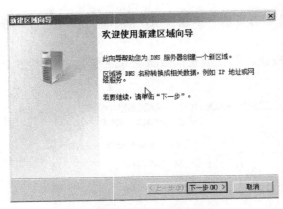

图 5-17　新建反向查找区域

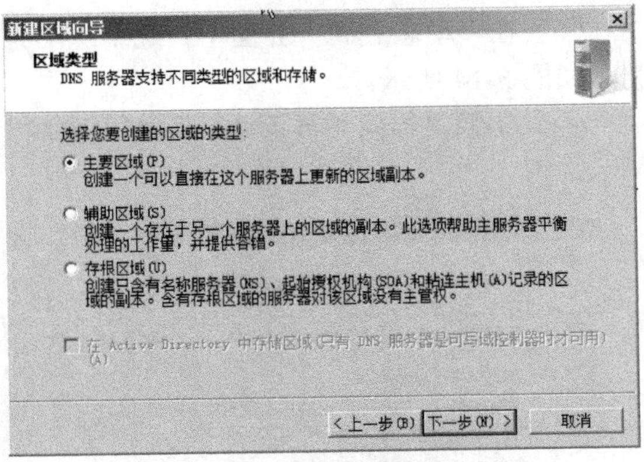

图 5-18　选择区域类型

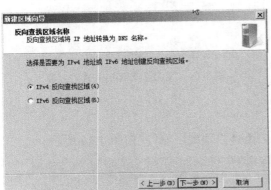

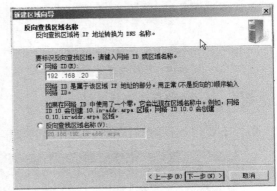

图 5-19　反向查找区域名称

图 5-20　设置网络 ID

（6）在"区域文件"界面中，采用系统默认设置，然后单击"下一步"按钮，如图 5-21 所示。

（7）在"动态更新"界面中，选中"不允许动态更新"单选按钮，然后单击"下一步"按钮，如图 5-22 所示。

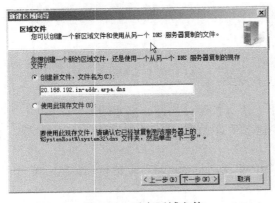

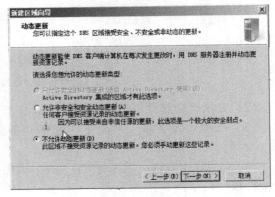

图 5-21　反向区域文件

图 5-22　反向动态更新

（8）在弹出的向导界面中，单击"完成"按钮，则完成正向查找区域的创建，如图 5-23 所示。

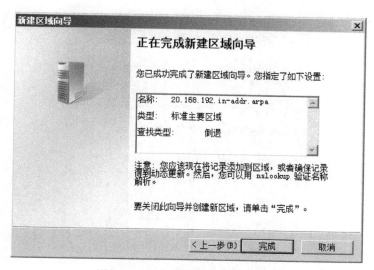

图 5-23 完成反向查找区域的创建

步骤 4 创建记录资源

（1）右击"正向查找域"选项卡下的"hhsy.cn"选项，在弹出的菜单中选择"新建主机"，如图 5-24 所示。

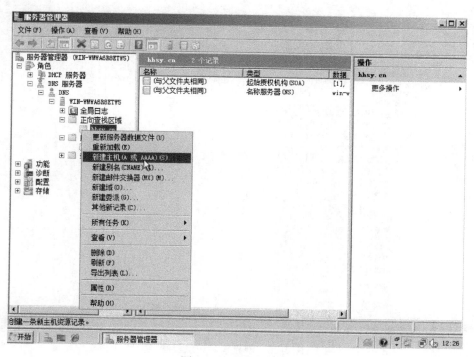

图 5-24 建立主机头

（2）在弹出的"新建主机"对话框中的"名称"文本框中，输入主机头，如"www"；在"IP 地址"标题栏下，输入域名所要解析成的 IP 地址，如"192.168.20.201"；选中"创建相关的指针"复选框，然后单击"添加主机"按钮，如图 5-25 所示。

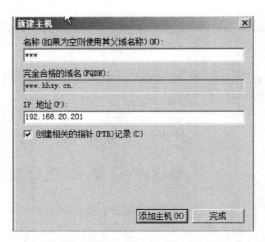

图 5-25　建立 www 主机头

（3）采用上一步的方法，创建"ftp"主机头。

（4）除了创建主机记录资源外，还可以创建别名记录资源。如创建别名主机头"www"的别名为"htp"的记录资源，方法如下：右击 hhsy.cn，选择"新建别名"，如图 5-26 所示。

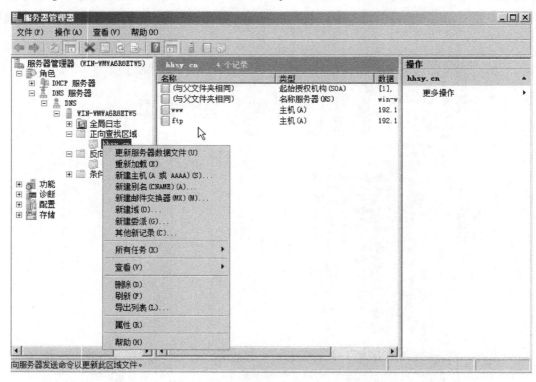

图 5-26　创建别名记录资源

（5）在"别名"文本框中，输入别名，如"http"；在"目标主机的完全合格的域名"标题栏下，单击"浏览"按钮，选择该别名所对应的主机头，如 http 是 www 主机头的别名，如图 5-27 所示，然后单击"确定"按钮，如图 5-28 所示。

图 5-27　选择要建立别名的主机头

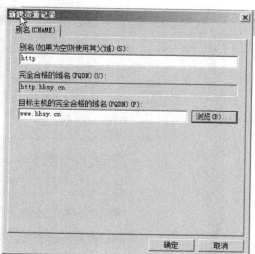

图 5-28　完成别名建立

（6）还可以创建邮件交换机记录资源。如创建邮件交换机记录指向主机头 www，方法如下：右击 hhsy.cn，选择"新建邮件交换器"命令，如图 5-29 所示。

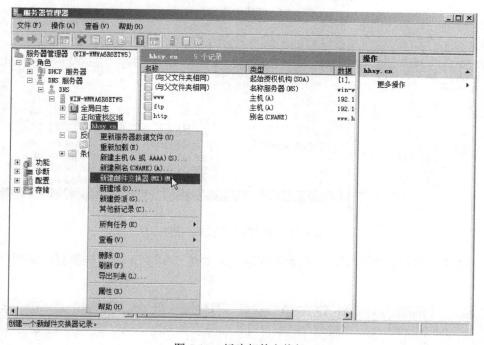

图 5-29　新建邮件交换机

（7）在"主机或子域"文本框中，默认不输入；在"邮件服务器的完全合格的域名"标题栏下，单击"浏览"按钮，选择邮件交换器指向的主机记录，如图 5-30 所示。

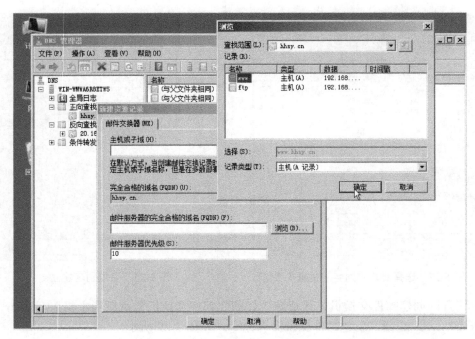

图 5-30 创建邮件交换记录

（8）创建完成后的邮件交换器记录如图 5-31 所示。

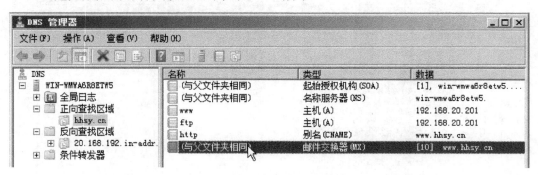

图 5-31 完成邮件交换器的建立

（9）DNS 服务器配置完后，正向查找区域记录如图 5-31 所示，反向查找区域指针记录如图 5-32 所示。

图 5-32 反向查找区域指针记录

知识链接

1. 域名

域名（Domain Name）是由一串用点分隔的名字组成的 Internet 上某一台计算机或计算机组的名称。域名由英文字母和数字组成，每一个标号不超过 63 个字符，也不区分大小写，完整域名总共不超过 255 个字符。级别最低的域名写在最左边，而级别最高的域名写在最右边。如，www.hhsy.cn，其中最后的标号"cn"是指顶级域名，代表中国；"hhsy"是指"二级域名"；"www"指主机名。

2. DNS

DNS 是域名系统（Domain Name System）的缩写，该系统用于命名组织到域层次结构中的计算机和网络服务。在 Internet 上域名与 IP 地址之间是一对一（或者一对多）的，域名虽然便于人们记忆，但机器之间只能互相认识 IP 地址，它们之间的转换工作称为域名解析，域名解析需要由专门的域名解析服务器来完成，DNS 就是进行域名解析的服务器。DNS 命名用于 Internet 等 TCP/IP 网络中，通过用户友好的名称查找计算机和服务。当用户在应用程序中输入域名时，DNS 服务可以将此域名解析为与之相关的 IP 地址。

3. DNS 工作过程

第一步：DNS 客户机提出域名解析请求，并将该请求发送给本地的域名服务器。

第二步：当本地的域名服务器收到请求后，就先查询本地的缓存，如果有该纪录项，则本地的域名服务器就直接把查询的结果返回。

第三步：如果本地的缓存中没有该记录，则本地域名服务器就直接把请求发给根域名服务器，然后根域名服务器再返回给本地域名服务器一个所查询域的主域名服务器的地址。

第四步：本地服务器再向上一步返回的域名服务器发送请求，然后接受请求的服务器查询自己的缓存，如果没有找到该记录，则返回相关的下级域名服务器的地址。

第五步：重复第四步，直到找到正确的记录。

第六步：本地域名服务器把返回的结果保存到缓存，以备下一次使用，同时还将结果返回给客户机。

4. 正向解析

将域名解析成 IP 地址，称为正向解析。

5. 反向解析

将 IP 地址解析成域名，称为反向解析。

6. 记录资源

资源记录通常存储在区域数据库中。常见的记录包括以下几种：

（1）A 记录。A 记录也叫主机记录，是使用最广的 DNS 记录。A 记录的基本作用是说明一个域名对应的 IP。

（2）CNAME 记录。CNAME 记录也叫别名记录。一般指一个主机的别名。

（3）PTR 记录。PTR 记录也称指针记录。PTR 记录是 A 记录的逆向记录。PTR 记录的基本作用就是把 IP 地址解析成为域名。

（4）MX 记录。MX 记录也叫邮件交换器记录。MX 记录的基本作用就是向用户指明区域接收邮件的服务器。如：用户准备发邮件给 xiaoliu@hhsy.cn，从这个邮件地址只能表明在 hhsy.cn 域上有一个名为 xiaoliu 的账户，而电子邮件程序不知道邮件服务器的地址，因此，不能将邮件正确地发送到目的地，但只要在 DNS 服务器中添加 MX 记录就可以实现电子邮件程序将邮件发送到接收邮件的服务器中。

任务评价

通过本任务的学习，给自己的学习情况打个分吧。

评价指标	评价内容	掌握情况		
		掌握	需复习	需指导
知识点	理解域名的概念			
	理解 DNS 的功能			
	理解正向解析			
	理解反向解析			
	理解 DNS 的工作过程			
	能识别常见的记录资源			
技能点	掌握 DNS 服务的安装			
	掌握 DNS 服务器的配置			
	熟练创建资源记录			
综合自评				
综合他评				

工作任务 2　DNS 服务器的验证和测试

任务背景

海华实业的网管员在内部服务器上架设了访问内部网站与 FTP 站点的 DNS 服务器（域名分别为 www.hhsy.cn 与 ftp.hhsy.cn）。为了测试 DNS 服务器是否正常工作，以及 DNS 服务器配置是否正确，公司网管员准备在一台客户机上进行 DNS 服务的验证与测试。

任务分析

网管员为测试 www.hhsy.cn 与 ftp.hhsy.cn 域名能否正确解析到 192.168.20.201，以及 192.168.20.201 能否正确解析到 www.hhsy.cn 与 ftp.hhsy.cn，以一台客户机为例，介绍在客户机上使用 nslookup 命令测试 DNS 服务器的方法。

任务准备

（1）学生一人一台计算机，计算机内预装 Vm Box 虚拟机软件，预装完毕的 Windows Server 2008 和 Windows 7 虚拟机系统各一，并在虚拟机中挂载 Windows Server 2008 和 Windows 7 操作系统安装光盘镜像。

（2）打开 Vm Box 虚拟机软件，打开预装的 Windows Server 2008 和 Windows 7 虚拟机操作系统。

（3）设置两台虚拟机的网络连接并网络互通，详细设置参考图 5-33。

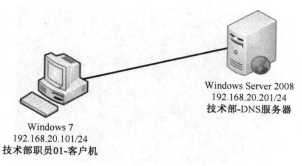

图 5-33　实训网络拓扑图

任务实施

步骤 1 ┃ 客户端验证

（1）配置客户端 IP 和 DNS。

右击"网络"，在弹出的菜单中选择"属性"→"本地连接"，单击"属性"，在弹出的对话框中选择"Internet 协议版本 4（TCP/IPv4）"，然后单击"属性"，在弹出的对话框中，设置客户端主机的 DNS 服务器，如图 5-34 所示。

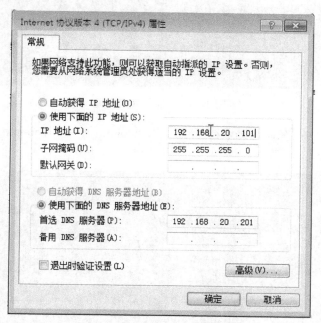

图 5-34　客户端 DNS 服务器设置

（2）单击"开始"菜单，选择"命令提示符"，进入 DOS 界面。

（3）在命令提示符下，输入"nslookup"命令，若验证主机头，则直接输入域名，如图 5-35 所示。

```
C:\Users\sunuponsea>nslookup
默认服务器:  ftp.hhsy.cn
Address:    192.168.20.201

> www.hhsy.cn
服务器:  ftp.hhsy.cn
Address:    192.168.20.201

名称:       www.hhsy.cn
Address:    192.168.20.201
```

图 5-35 验证 www 主机头

（4）若验证邮件交换器，则在命令提示符下输入"nslookup → set type=mx → hssy.cn"命令，如图 5-36 所示。

```
C:\Users\sunuponsea>nslookup
默认服务器:  ftp.hhsy.cn
Address:    192.168.20.201

> set type=mx
> hhsy.cn
服务器:  ftp.hhsy.cn
Address:    192.168.20.201

hhsy.cn MX preference = 10, mail exchanger = www.hhsy.cn
www.hhsy.cn       internet address = 192.168.20.201
> _
```

图 5-36 验证邮件交换机

（5）若验证指针，则在命令提示符下输入"nslookup → set type=ptr → 192.168.20.201"，如图 5-37 所示。

```
C:\Users\sunuponsea>nslookup
默认服务器:  ftp.hhsy.cn
Address:    192.168.20.201

> set type=ptr
> 192.168.20.201
服务器:  ftp.hhsy.cn
Address:    192.168.20.201

201.20.168.192.in-addr.arpa       name = www.hhsy.cn
201.20.168.192.in-addr.arpa       name = ftp.hhsy.cn
```

图 5-37 验证指针

（6）若验证别名，则在命令提示符下输入"nslookup → set type=cname → http.hhsy.cn"，如图 5-38 所示。

图 5-38　验证别名

知识链接

nslookup 工具

nslookup 是一个监测网络中 DNS 服务器是否能正确实现域名解析的命令行工具。nslookup 必须要安装了 TCP/IP 协议的网络环境之后才能使用。

（1）测试 A 记录。首先在 DOS 界面，输入"nslookup"命令，进入 nslookup 交互界面；再输入完整域名，如 www.hhsy.com。

（2）测试 MX 记录。首先在 DOS 界面，输入"nslookup"命令，进入 nslookup 交互界面；然后输入"SET TYPE=MX"，再输入邮件服务器域名，如 hhsy.com。

（3）测试 PTR 记录。首先在 DOS 界面，输入"nslookup"命令，进入 nslookup 交互界面；然后输入"SET TYPE=PTR"，再输入 IP 地址，如 192.168.20.201。

（4）测试别名。首先在 DOS 界面，输入"nslookup"命令，进入 nslookup 交互界面；然后输入"SET TYPE=CNAME"，再输入别名，如 http.hhsy.cn。

任务评价

通过本任务的学习，给自己的学习情况打个分吧。

评价指标	评价内容	掌握情况		
		掌握	需复习	需指导
知识点	客户端的配置			
	掌握 nslookup 的使用			
技能点	能使用 nslookup 工具测试主机记录			
	能使用 nslookup 工具测试邮件记录			
	能使用 nslookup 工具测试别名记录			
	能使用 nslookup 工具测试指针记录			
综合自评				
综合他评				

项目 6

构建 Web 服务器实现网页发布

项目 6 任务分解图如图 6-1 所示。

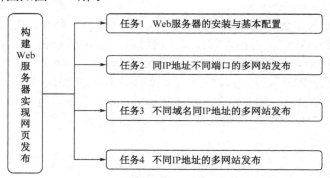

图 6-1 项目 6 任务分解图

随着网络技术的发展以及企业的需求，大部分企业都有自己的内网与外部网站。为了使客户能访问企业网站获取信息，企业需要发布网站。Windows Server 2008 网络应用服务提供了Web 站点服务，企业网管员通过 Web 服务的安装与 Web 服务器的配置实现网站的发布与管理。

通过本项目的学习，让学生学会安装"Internet 信息服务（IIS）管理器"中的"万维网服务"组件，掌握 Web 服务器的安装；能熟练配置 Web 服务器；能实现采用端口的方式发布多个网站；能实现采用主机头的方式发布多个网站；能实现在单网卡上多个 IP 地址发布网站。

工作任务 1　Web 服务器的安装与基本配置

任务背景

海华实业技术部已制作好本部门的内部网页（注：采用静态网页的方式制作内部网站）。为了能让本公司员工访问该网页，公司网络管理员准备在技术部内网上搭建 Web 服务器来实现 Web 站点发布。

任务分析

技术部内部网站已经制作好，放在技术部内部服务器的 E:\web 文件夹中，主页文件名为 index.html。为了能发布公司内部网站，网管员需安装与配置 Web 服务器，使得员工能使用 http://192.168.20.201 IP 地址的方式或者通过 http://www.hhsy.cn 域名的方式访问该网站。为了能使用 www.hhsy.cn 访问网站，网管员还需安装与配置 DNS 服务器。

任务准备

（1）学生一人一台计算机，计算机内预装 Vm Box 虚拟机软件，预装完毕的 Windows Server 2008 和 Windows 7 虚拟机系统各一，并在虚拟机中挂载 Windows Server 2008 和 Windows 7 操作系统安装光盘镜像。

（2）打开 Vm Box 虚拟机软件，打开预装的 Windows Server 2008 和 Windows 7 虚拟机操作系统。

（3）设置两台虚拟机的网络连接并网络互通，详细设置参考图 6-2。

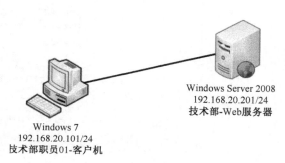

Windows Server 2008
192.168.20.201/24
技术部-Web服务器

Windows 7
192.168.20.101/24
技术部职员01-客户机

图 6-2 实训网络拓扑图

任务实施

步骤 1 安装 Web 服务器

（1）单击"开始"→"管理工具"→"服务器管理器"，如图 6-3 所示。

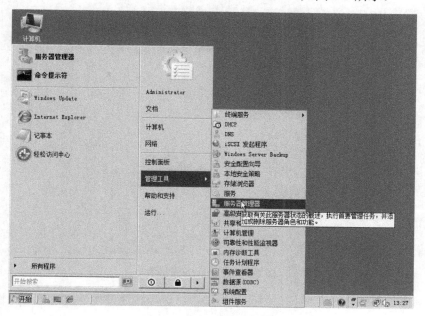

图 6-3 服务器管理器

（2）在弹出的"服务器管理器"界面中单击"角色"，再单击"添加角色"，如图6-4所示。

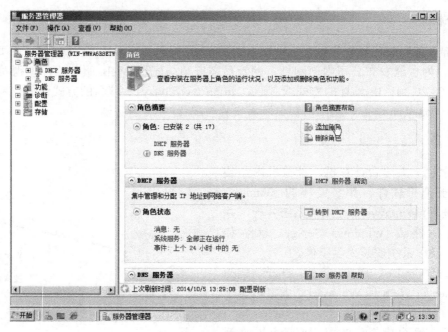

图6-4 "添加角色"界面

（3）在弹出的"添加角色向导"界面中单击"服务器角色"，选择"Web 服务器（IIS)"，如图 6-5 所示，然后单击"下一步"按钮。

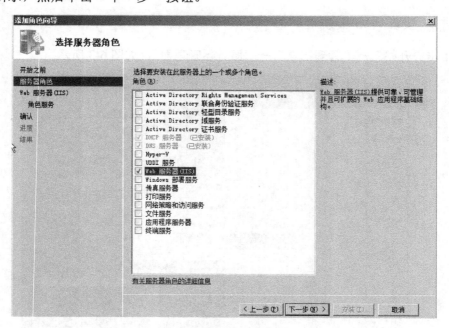

图6-5 选择 Web 服务器

（4）在弹出的"选择角色服务"界面中，选中"应用程序开发"复选框，如图6-6所示，单击"下一步"按钮。

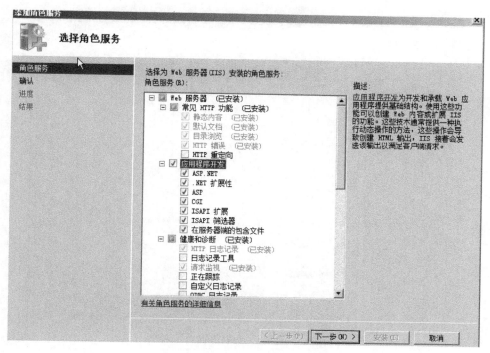

图 6-6 应用程序开发

（5）在弹出的"确认安装选择"界面中，单击"安装"按钮，如图 6-7 所示。

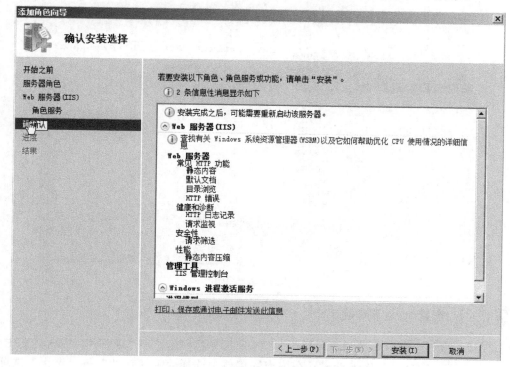

图 6-7 Web 服务器"确认"界面

（6）进入安装界面，如图 6-8 所示，按向导提示直至安装完成，如图 6-9 所示。

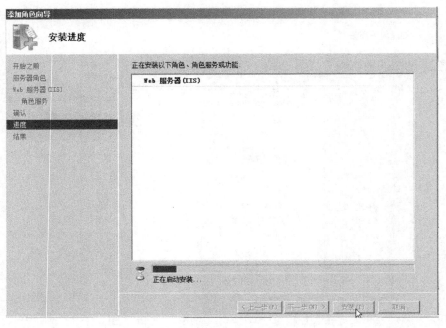

图 6-8　安装过程

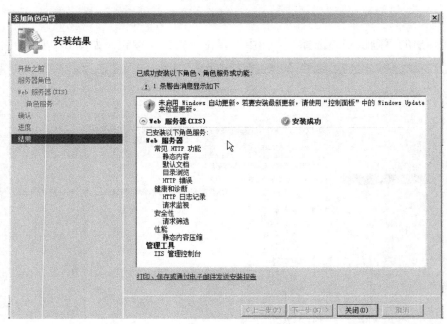

图 6-9　安装完成

步骤 2　　配置 Web 服务器

（1）在服务器管理器中，单击"角色"→"Web 服务器（IIS）"→"WIN-WMWA6RR8ETW5"→"网站"，右击"Default Web site"，在弹出的菜单中选择"管理网站"→"停止"选项，如图 6-10 所示。

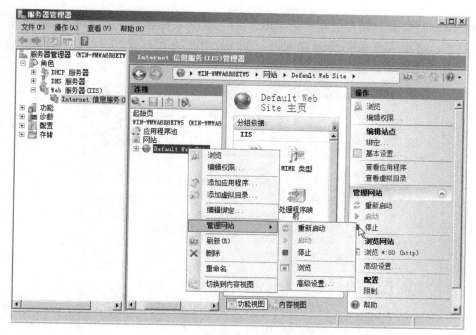

图 6-10 关闭默认网站

（2）右击"网站"，在弹出的菜单中，选择"添加网站"，如图 6-11 所示。

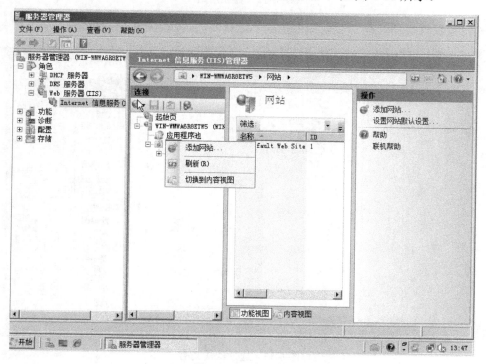

图 6-11 添加网站

（3）打开"添加网站"对话框，在"网站名称"标题栏中输入网站名称（注：尽量做到见名知意）；在"物理路径"标题栏下，输入网站所存放的路径及文件夹名，也可以单击".."按钮浏览网站的存放位置，如存放在"E:\web"；在"类型"标题栏下，选择"http"；在"IP 地址"标题栏下，输入 Web 服务器的 IP 地址，如 192.168.20.201；在"端口"标题栏下，采用默认设置；如图 6-12 所示，单击"确定"按钮。

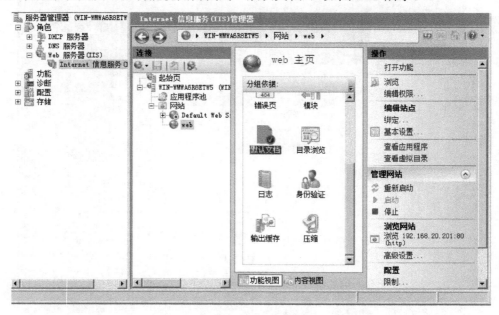

图 6-12　建立网站

（4）设置默认文档。在功能视图内找到"默认文档"，如图 6-13 所示。

图 6-13　选择默认文档

（5）双击"默认文档"，在弹出的界面中，单击右上角的"添加"，在弹出的"添加默认文档"对话框中，在"名称"文本框中输入网站的首页文件名，如"index.html"，如图 6-14 所示。

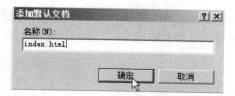

图 6-14　添加默认文档

步骤 3　在客户端验证

（1）在客户端 IE 浏览器的地址栏中输入 http://192.168.20.201，访问结果如图 6-15 所示。

图 6-15　用 IP 地址访问网站的结果

　　如果要采用 http://www.hhsy.cn 访问该网站，则要配置 DNS 服务器，实现 www.hhsy.cn 能解析到 192.168.20.201 的 IP 地址。

（2）在"IIS 管理器"中，单击"网站"下的"web"，单击右侧的"绑定"按钮，如图 6-16 所示。

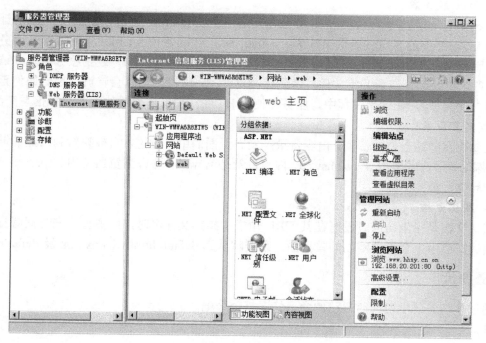

图 6-16　添加绑定

（3）在弹出的"网站绑定"界面中，单击"编辑"按钮，如图 6-17 所示。

（4）在编辑界面中，"主机名"文本框中输入访问网站的域名，如 www.hhsy.cn，如图 6-18 所示。

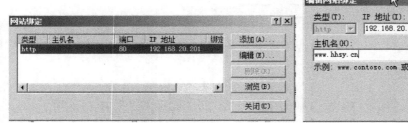

图 6-17　编辑绑定

图 6-18　绑定主机头

（5）在客户端的 IE 浏览器的地址栏中输入 http://www.hhsy.cn，访问结果如图 6-19 所示。

图 6-19　用域名访问网站的结果

知识链接

1．Web 服务器

Internet 上的服务器也称为 Web 服务器，是一台在 Internet 上具有独立 IP 地址的计算机，可以向 Internet 上的客户机提供 WWW、E-mail 和 FTP 等各种 Internet 服务。Web 服务器是指驻留于因特网上某种类型计算机的程序。当 Web 浏览器（客户端）连到服务器上并请求文件时，服务器将处理该请求并将文件发送到该浏览器上，附带的信息会告诉浏览器如何查看该文件（即文件类型），在这个过程中，服务器使用 HTTP（超文本传输协议）进行信息交流。

2．内容目录

主要设置网站存放的位置。内容目录是发布页面的中心位置，它被映射到站点的域名或服务名。例如，站点域名是 www.hhsy.cn，内容目录是 E:\web，那么浏览器使用 http://www.hhsy.cn 就可访问主目录的文件。

3．默认文档

默认文档是指当访问者没有在其 URL 请求中指定文件名时，服务器将向访问者提供的文档。默认文档中主要设置网站的首页面。系统默认为 default.html、index.htm 及 default.asp。

任务评价

通过本任务的学习，给自己的学习情况打个分吧。

评价指标	评价内容	掌握情况		
		掌握	需复习	需指导
知识点	Web 服务器			
	内容目录			
	默认文档			
技能点	安装 Web 服务器			
	配置 Web 服务器			
综合自评				
综合他评				

工作任务 2　同 IP 地址不同端口的多网站发布

任务背景

随着海华实业的发展，技术部采用动态网页技术升级与完善了本部门的内部网页（注：采用动态网页的方式制作内部网站），同时技术部还制作了外部网站。为了能让本公司员工访问技术部的外部及内部网站，公司网管员准备搭建 Web 服务器来实现 Web 站点发布。

任务分析

技术部的内部网站放在技术部内部服务器的 E:\web 文件夹中，主页文件名为 index.asp；技术部的外部网站放在技术部内部服务器的 E:\web2，主页文件名为 default.asp。为了能发布技术部的内部网站，网管员需安装与配置 Web 服务器，使得员工能使用 http://192.168.20.201 IP 地址的方式或者通过 http://www.hhsy.cn 域名的方式访问技术部的内部网站与外部网站。为了能使用同一个 IP 地址或同一个网址访问不同的网站，网管员需通过端口的方式来实现 Web 站点的发布。因此，网管员规划采用 http://192.168.20.201 或者 http://www.hhsy.cn 来访问技术部的外网，采用 http://192.168.20.201:8080 或者 http://www.hhsy.cn:8080 来访问技术部的内网。

任务准备

（1）学生一人一台计算机，计算机内预装 Vm Box 虚拟机软件，预装完毕的 Windows Server 2008 和 Windows 7 虚拟机系统各一，并在虚拟机中挂载 Windows Server 2008 和 Windows 7 操作系统安装光盘镜像。

（2）打开 Vm Box 虚拟机软件，打开预装的 Windows Server 2008 和 Windows 7 虚拟机操作系统。

（3）设置两台虚拟机的网络连接并网络互通，详细设置参考图 6-20。

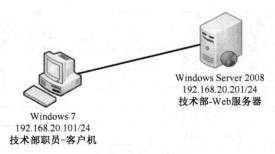

Windows Server 2008
192.168.20.201/24
技术部-Web服务器

Windows 7
192.168.20.101/24
技术部职员-客户机

图 6-20　实训网络拓扑图

任务实施

步骤 1　安装 Web 服务。具体过程安装详见工作任务 1

步骤 2　配置 Web 服务

（1）在"Internet 信息服务（IIS）管理器"界面中，单击"网站"前的"+"号展开，右击"Default Web site"，在弹出的菜单中选择"停止"。

（2）右击"网站"，在弹出的菜单栏中选择"添加网站"。然后在"添加网站"对话框中，设置内网网站，"端口"文本框中输入访问网站的端口，如 8080，如图 6-21 所示。

（3）在该网站的功能视图内找到"默认文档"，双击"默认文档"，在弹出的界面中，单击"添加"，在弹出的"添加默认文档"对话框中，在"名称"文本框中输入网站的首页文件名 index.asp，如图 6-22 所示。

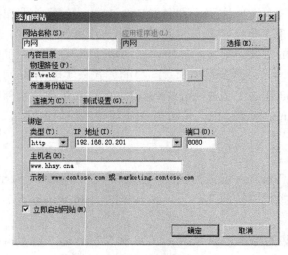

图 6-21　添加内网网站界面　　　　　　　图 6-22　添加内网的默认文档

（4）右击"网站"，在弹出的菜单栏中选择"添加网站"。然后，在"添加网站"对话框中，设置外网网站，如图 6-23 所示。

（5）在该网站的功能视图内找到"默认文档"，双击"默认文档"，在弹出的界面中，单击"添加"，在弹出的"添加默认文档"对话框中，在"名称"文本框中输入网站的首页文件名 default.asp，如图 6-24 所示。

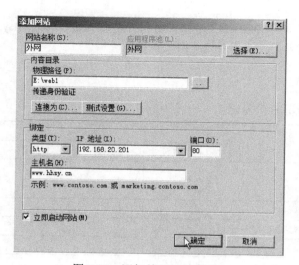

图 6-23　添加外网网站界面

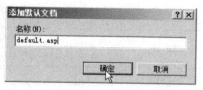

图 6-24　添加内网的默认文档

步骤 3　在客户端验证

（1）在客户端的 IE 浏览器的地址栏中输入 http://www.hhsy.cn，访问外网的结果如图 6-25 所示。

图 6-25　访问外网的结果

（2）在客户端的 IE 浏览器的地址栏中输入 http://www.hhsy.cn:8080，访问内网的结果如图 6-26 所示。

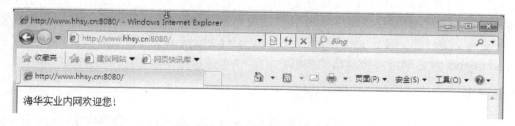

图 6-26　用端口访问内网的结果

知识链接

Web 端口服务采用传输层 TCP 协议，默认端口为 80。一般情况下同一个 IP 地址（同一个域名）只能对应一个网站，如果同一个 IP 地址要对应多个网站时，则可以设置端口的方式来实现，但如果使用默认端口时，访问网站的 IP 或域名后不需要加端口号，如果使用非默认端口，则访问网站的 IP 或域名后需要加端口号。如使用 www.hhsy.cn 同一个域名要访问海华实业的内网与外网，则设置外网用默认端口，内网用 8080 端口，因此，访问外网用 http://www.hhsy.cn，访问内网用 http://www.hhsy.cn:8080。

◯ 任务评价

通过本任务的学习，给自己的学习情况打个分吧。

评价指标	评价内容	掌握情况		
		掌握	需复习	需指导
知识点	端口			
技能点	配置端口号			
	通过端口号实现多网站的发布			
综合自评				
综合他评				

工作任务 3　不同域名同 IP 地址的多网站发布

任务背景

随着海华实业的发展，技术部采用动态网页技术升级与完善了技术部的内部网页（注：采用动态网页的方式制作内部网站），同时技术部还制作了外部网站。为了能让本公司员工访问技术部的外部及内部网站，公司网管员准备搭建 Web 服务器来实现 Web 站点发布。

◯ 任务分析

技术部的内部网站放在技术部内部服务器的 E:\web 文件夹中，主页文件名为 index.asp；技术部的外部网站放在服务器的 E:\web2，主页文件名为 default.asp。为了能发布技术部的内部网站与外部网站，网管员需安装与配置 Web 服务器，使得员工能使用 http://192.168.20.201 IP 地址的方式访问技术部的内部网站与外部网站。为了能使用同一个 IP 地址访问不同的网站，网管员除了通过端口的方式来实现 Web 站点的发布外，还可以通过不同域名的方式来实现 Web 站点的发布。因此，网管员规划采用 http://www.hhsy.cn 来访问技术部的外网，采用 http://oa.hhsy.cn 域名来访问技术部的内网。

◯ 任务准备

（1）学生一人一台计算机，计算机内预装 Vm Box 虚拟机软件，预装完毕的 Windows Server 2008 和 Windows 7 虚拟机系统各一，并在虚拟机中挂载 Windows Server 2008 和 Windows 7 操作系统安装光盘镜像。

（2）打开 Vm Box 虚拟机软件，打开预装的 Windows Server 2008 和 Windows 7 虚拟机操作系统。

（3）设置两台虚拟机的网络连接并网络互通，详细设置参考图 6-27。

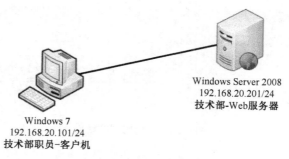

图 6-27 实训网络拓扑图

任务实施

步骤 1 ▎ 配置 DNS 服务器

实现 oa.hhsy.cn 能解析到 192.168.20.201 的 IP 地址。

步骤 2 ▎ 配置 Web 服务器

在工作任务 2 的基础上，更改内网的主机名。在"编辑网站绑定"界面中的"主机名"下输入"oa.hhsy.cn"，在"端口"下输入"80"，如图 6-28 所示。

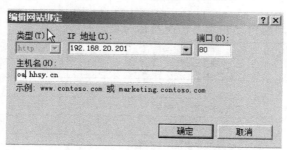

图 6-28 编辑内网的主机名

步骤 3 ▎ 在客户端验证

（1）在客户端 IE 浏览器的地址栏中输入 http://www.hhsy.cn，访问外网的结果如图 6-29 所示。

图 6-29 访问外网的结果

（2）在客户端 IE 浏览器的地址栏中输入 http://oa.hhsy.cn，访问内网的结果如图 6-30 所示。

图 6-30　访问内网的结果

知识链接

1. 主机头

将不同的网站空间对应不同的域名，以连接请求中的域名字段来分发和应答，正确地对应空间的文件执行结果。主机头主要设置访问网站的域名。一般情况同一个 IP 地址（同一个域名）只能对应一个网站，如果同一个 IP 地址要对应多个网站时，可以通过主机头来实现。如，海华实业的内网与外网在同一个服务器 192.168.20.201 上发布，同时都是使用默认端口号，为此，可以通过不同域名来绑定主机头来实现，使用 www.hhsy.cn 来访问外网，使用 oa.hhsy.cn 来访问内网。

任务评价

通过本任务的学习，给自己的学习情况打个分吧。

评价指标	评价内容	掌握情况		
		掌握	需复习	需指导
知识点	主机头			
	主机头与域名的关系			
技能点	主机头的配置			
	通过主机头实现多网站的配置			
综合自评				
综合他评				

工作任务 4　不同 IP 地址的多网站发布

任务背景

随着海华实业的发展，技术部采用动态网页技术升级与完善了本部门的内部网页（注：采用动态网页的方式制作内部网站），同时技术部还制作了外部网站。为了能让本公司员工访问技术部的外部及内部网站，同时，为实现资源共享，公司网管员准备在技术部内部服务器的一个网卡上绑定多个 IP 地址的方式，搭建 Web 服务器来实现 Web 站点发布。

任务分析

技术部的内部网站放在技术部服务器的 E:\web 文件夹中，主页文件名为 index.asp；技术部的外部网站放在同一台服务器的 E:\web2，主页文件名为 default.asp。根据网络升级，网管员重新规划 Web 站点发布。为了能发布公司内部网站与外部网站，网管员需安装与配置 Web 服务器，使得员工能使用 http://192.168.20.201 IP 地址的方式或者使用 http://www.hhsy.cn 域名来访问公司外网，使用 http://192.168.20.202 IP 地址或者使用 http://oa.hhsy.cn 域名来访问公司内部网站。

任务准备

（1）学生一人一台计算机，计算机内预装 Vm Box 虚拟机软件，预装完毕的 Windows Server 2008 和 Windows 7 虚拟机系统各一台，并在虚拟机中挂载 Windows Server 2008 和 Windows 7 操作系统安装光盘镜像。

（2）打开 Vm Box 虚拟机软件，打开预装的 Windows Server 2008 和 Windows 7 虚拟机操作系统。

（3）设置两台虚拟机的网络连接并网络互通，详细设置参考图 6-31。

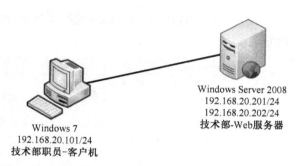

图 6-31　实训网络拓扑图

任务实施

步骤 1　设置 Web 服务器 IP 地址

（1）打开 DHCP 服务器的网络和共享中心，单击"属性"，再双击 Internet 协议版本（TCP/IPv4），单击"高级"按钮。在"高级 TCP/IP 设置"的"IP 设置"界面中的"IP 地址"标题栏下，单击"添加"按钮。在弹出的"TCP/IP 地址"对话框中的"IP 地址"中输入 192.168.20.202，在"子网掩码"中输入 255.255.255.0，如图 6-32 所示。

步骤 2　配置 Web 服务

在工作任务 3 的基础上，更改内网绑定的 IP 地址，如图 6-33 所示。

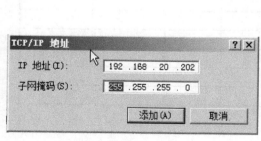

图 6-32　添加 IP 地址

图 6-33　更改绑定 IP 地址

步骤 3　在客户端验证

（1）在客户端 IE 浏览器的地址栏中输入 http://192.168.20.201，访问外网的结果如图 6-34 所示。

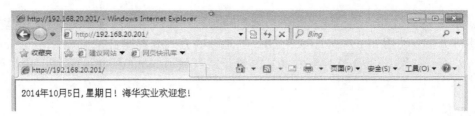

图 6-34　访问外网的结果

（2）在客户端 IE 浏览器的地址栏中输入 http://192.168.20.202，访问内网的结果如图 6-35 所示。

图 6-35　访问内网的结果

知识链接

很多时候，为了方便别的用户登录，或者为了方便资源的共享，会在一个网卡中绑定多个 IP 地址，这时要单击手工设置 IP 地址界面中"高级"按钮，在高级中的"IP 设置"中的"IP 地址"栏下单击"添加"按钮，输入你想绑定的 IP 地址。比如，要求在同一台 Web 服务器发布海华实业内网与外网，访问外网的 IP 为 192.168.20.201，访问内网的 IP 为 192.168.20.202。因此，在服务器端需绑定两个 IP 地址，同时在 Web 服务器绑定 IP 地址发布两个网站。

任务评价

通过本任务的学习，给自己的学习情况打个分吧。

评价指标	评价内容	掌握情况		
		掌握	需复习	需指导
知识点	一个网卡多个 IP			
技能点	能在同一个网卡上绑定多个 IP			
	能熟练配置 Web 服务器			
	能熟练验证 Web 服务器			
综合自评				
综合他评				

项目 7

构建 FTP 服务器实现文件上传下载

项目 7 任务分解图如图 7-1 所示。

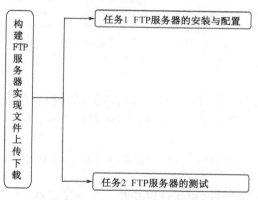

图 7-1 项目 7 任务分解图

考虑到网络安全性与便捷性，大部分企业都会有 FTP 服务，使得客户能方便地下载公司内部的资料，以及上传一些自己的资料。为了使客户能访问企业 FTP 站点，企业需要搭建 FTP 服务器。而 Windows Server 2008 网络应用服务的 IIS 提供了 FTP 服务，企业网管员通过 FTP 服务的安装与 FTP 服务器的配置实现公司员工可以方便上传、下载资料。

通过本项目的学习，让学生学会安装"Internet 信息服务（IIS）管理器"中"文件传输协议（FTP）服务"组件，掌握 FTP 服务器的安装；能熟练配置 FTP 服务器；能根据不同的用户设置 FTP 服务器的访问权限；能使用命令的方式测试与访问 FTP 服务器站点。

工作任务 1 FTP 服务器的安装与配置

任务背景

海华实业技术部门的内网服务器上有大量文件资料，需要提供给本部门员工下载，同时员工也需要把一些文件资料上传到内网服务器。为了安全与方便起见，公司网管员准备在技术部门的内网服务器上构建 FTP 服务器，以实现技术部员工的计算机与技术部门的内部服务器 FTP 站点之间文件资料的上传和下载。

◯ 任务分析

为了实现技术部门员工的计算机与技术部的内网服务器之间大量文件的传输，网管员需在技术部门的内网服务器上搭建 FTP 服务器，使得技术部员工能使用相应的账号通过 FTP://192.168.20.201 或者 FTP://ftp.hhsyjsb.cn 域名来访问 FTP 站点。根据公司及技术部门要求，不同的员工访问 FTP 站点的权限也不一样，网管员设计 FTP 服务器站点文件夹存放在 c:\ftp 目录下，目录结构如图 7-2 所示。同时，网管员根据要求分析得出技术部所有员工都能访问 FTP 站点中资源目录中的文件，但只能下载，不能上传，而对公司文件目录只能上传，不能下载；匿名用户无法访问绝密目录；技术部的部长（账号：JSBZ，密码：111），可以访问绝密目录，但是只允许他进行文件资料的上传；公司的总经理（账号名称：ZJL，密码：111），对绝密目录拥有完全权限。

图 7-2　项目 7 任务分解图

◯ 任务准备

（1）学生一人一台计算机，计算机内预装 Vm Box 虚拟机软件，预装完毕的 Windows Server 2008 和 Windows 7 虚拟机系统各一，并在虚拟机中挂载 Windows Server 2008 和 Windows 7 操作系统安装光盘镜像。

（2）打开 Vm Box 虚拟机软件，打开预装的 Windows Server 2008 和 Windows 7 虚拟机操作系统。

（3）设置两台虚拟机的网络连接并网络互通，详细设置参考图 7-3。

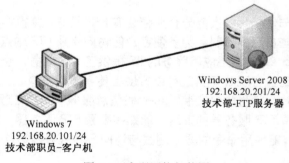

图 7-3　实训网络拓扑图

◯ 任务实施

| 步骤 1 | 安装 FTP 服务器 |

（1）单击"开始"→"管理工具"→"服务器管理器"，如图 7-4 所示。

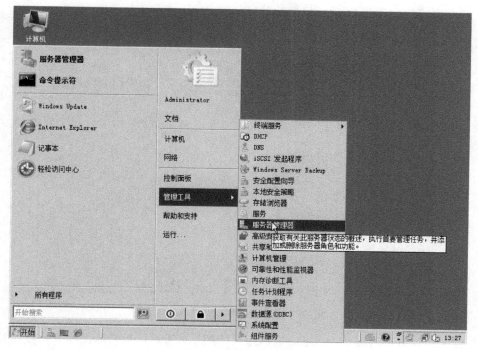

图 7-4 服务器管理器

（2）在弹出的"服务器管理器"界面中单击"角色"，再单击"添加角色"，如图 7-5 所示。

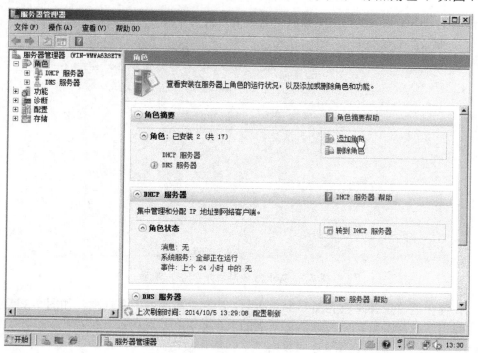

图 7-5 "添加角色"界面

（3）在弹出的"添加角色向导"界面中单击"服务器角色"，选择"Web 服务器（IIS）"，如图 7-6 所示，然后单击"下一步"按钮。

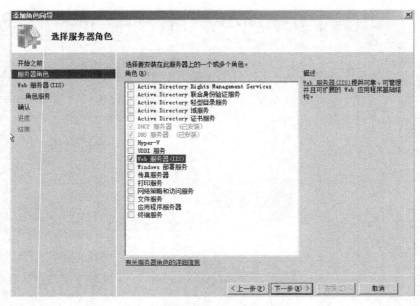

图 7-6　选择"Web 服务器（IIS）"

（4）进入"Web 服务器简介（IIS）"界面，如图 7-7 所示，然后单击"下一步"按钮。

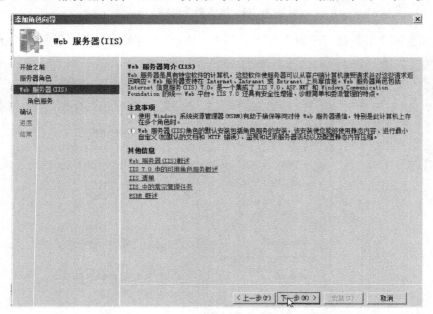

图 7-7　Web 服务器简介（IIS）界面

（5）在弹出的"选择角色界面"中，选中"FTP 发布服务"复选框，如图 7-8 所示。这时系统将会弹出"是否添加 FTP 发布服务所需的角色服务？"对话框，单击"添加必需的角色服务"，如图 7-9 所示，然后在图 7-8 中单击"下一步"按钮。

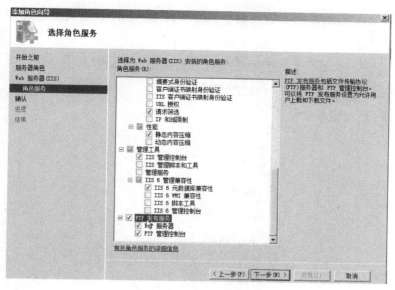

图 7-8 添加 FTP 组件

图 7-9 是否添加 FTP 发布服务界面

（6）单击"下一步"按钮，进入"确认"界面，如图 7-10 所示，单击"安装"按钮，安装过程如图 7-11 所示，安装完成如图 7-12 所示。

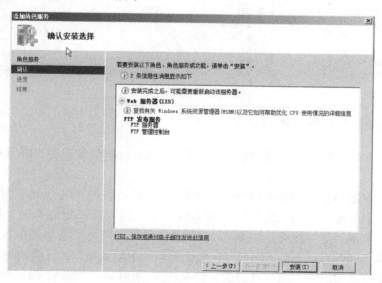

图 7-10 "确认"界面

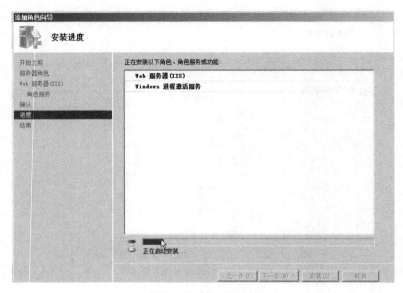

图 7-11　安装过程

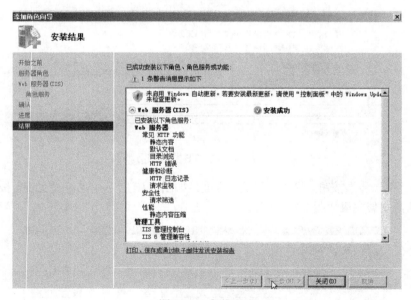

图 7-12　安装完成

步骤 2 ┃ 配置 FTP 服务器

（1）单击"开始"菜单，选择"管理工具"→"Internet 信息服务（IIS）6.0 管理器"，如图 7-13 所示。

（2）单击"WIN-WMWA6R8ETW5"→"FTP 站点"，右击"Default FTP Site（停止）"，在弹出的菜单栏中单击"启动"选项，如图 7-14 所示。这时，系统将弹出"是否激活 FTP 服务"的对话框，单击"是"按钮，如图 7-15 所示。此时，FTP 服务中的默认站点启动生效。由于 FTP 站点与 Web 站点一样，同一个 IP 地址及同一个默认端口，只能同时启动一个 FTP 站点，而海华实业技术部门需要建立自己的 FTP 站点，所以需要在激活 FTP 站点后关闭该默认站点，如图 7-16 所示。

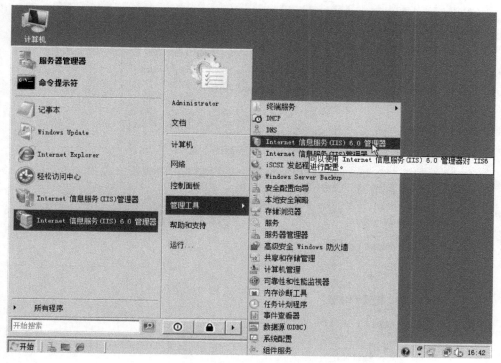

图 7-13　打开 IIS 管理器

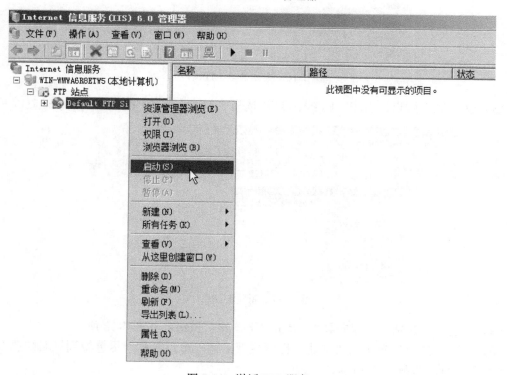

图 7-14　激活 FTP 服务

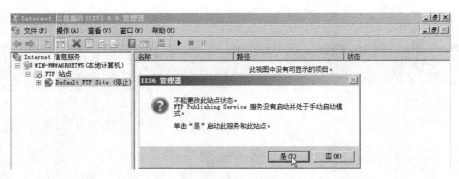

图 7-15　激活确认界面

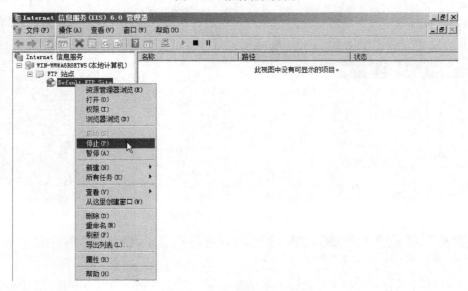

图 7-16　关闭默认 FTP 站点

（3）建立 FTP 站点，右击"FTP 站点"，选择"新建"→"FTP 站点"，如图 7-17 所示。

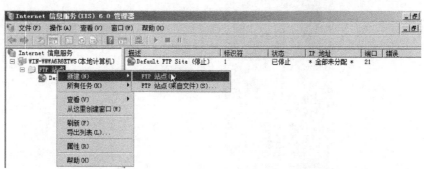

图 7-17　新建 FTP 站点

（4）弹出"FTP 站点创建向导"，单击"下一步"按钮，如图 7-18 所示。

（5）在弹出的对话框中的"描述"标题栏下，输入站点名称（尽量做到见名知意），单击"下一步"按钮，如图 7-18 所示。

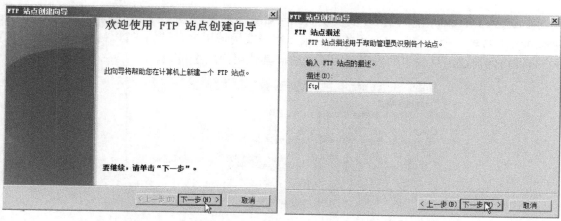

图 7-18　FTP 站点创建向导　　　　　　　　　图 7-19　输入站点名称

（6）在弹出的对话框中的"输入此 FTP 站点使用的 IP 地址"下，选择 192.168.20.201 的 IP 地址。如果 FTP 服务器的 IP 地址只有一个时，也可以选择"全部未分配"。在"输入此 FTP 站点的 TCP 端口"下输入默认的 21 端口号。如果要使用非默认端口，在访问 FTP 站点时必须在 IP 地址或域名的后面加上端口号。最后单击"下一步"按钮，如图 7-20 所示。

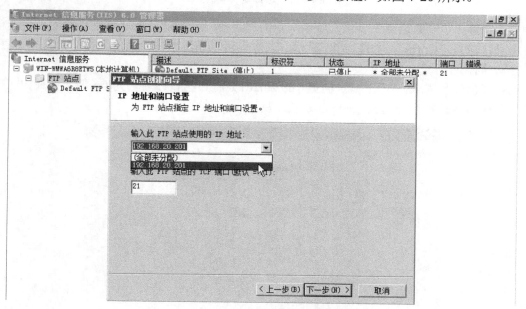

图 7-20　设置 FTP 服务器的 IP 地址及端口

（7）在弹出"FTP 用户隔离"对话框中，根据任务要求，选择"不隔离用户"，如图 7-21 所示，单击"下一步"按钮。

不隔离用户：指所有用户登录到 FTP 站点后，访问的是同一个目录中的文件，而这个目录称为 FTP 站点的主目录。

隔离用户：指在 FTP 站点的主目录中为每一个用户创建一个子文件夹（子文件夹的名字必须与用户登录 FTP 站点的用户名相同）。用户登录到 FTP 站点后，只能访问自己的文件夹，而不能访问其他的文件夹。

用 Active Directory 隔离用户：要实现 Active Directory 隔离用户，首先要求管理员在 Active Directory 中为每一个用户指定专用的主目录，用户要用域用户登录到 FTP 站点，登录后每个用户只能访问自己主目录中的内容，而不能访问其他用户的主目录。

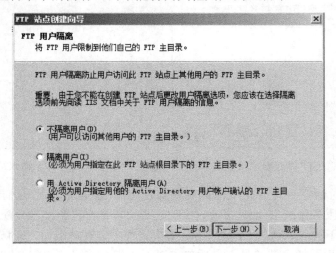

图 7-21　选择是否隔离

（8）在弹出"FTP 站点主目录"对话框中的"路径"下，输入 FTP 站点存放的位置。根据任务需求，输入"C:\ftp"，如图 7-22 所示。同时也可以通过单击"浏览"按钮，选择 FTP 站点的存储路径。

注：根据任务需求，在服务器（192.168.20.201）的 C 盘，建立名为 ftp 的文件夹，在该文件夹下创建名字分别为 juemi、gongsiwenjian 及 ziyuan 的文件夹。

图 7-22　选择路径

（9）在弹出的"FTP 站点访问权限"对话框中，选中"读取"与"写入"复选框，如图 7-23 所示。这是设置 FTP 站点的权限。一般情况下，可以把 FTP 站点的权限设置为"读取"与"写入"，而对于不同的用户访问 FTP 站点的权限不一样，可以通过设置 FTP 主目录文件夹的 NTFS

（安全）权限来实现。最后，单击"下一步"按钮。

（10）在弹出的对话框中，单击"完成"按钮，即完成 FTP 站点的创建，如图 7-24 所示。

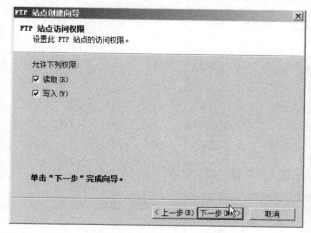

图 7-23 设置站点权限

图 7-24 完成建立站点

步骤 3 | 配置 FTP 主目录的安全权限

（1）创建用户。

建立用户，打开"服务器管理器"，单击"配置"→"本地用户和组"，右击"用户"，选择"新用户"，如图 7-25 所示，弹出"新用户"对话框，分别建立 ZJL、JSBZ、JS01 三个用户，先输入用户名，再输入密码，取消对"用户下次登录时必须更改密码"复选框的选择，单击"创建"按钮，如图 7-26 所示。

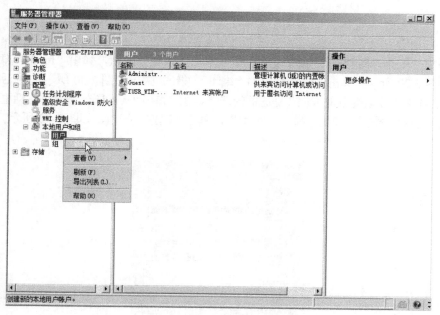

图 7-25 新建用户

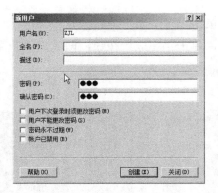

图 7-26　"新用户"对话框

（2）右击新创建的站点"ftp"，选择"权限"，如图 7-27 所示。

图 7-27　设置文件夹权限

（3）弹出"安全"对话框，如图 7-28 所示，单击"高级"按钮，弹出"ftp 的高级安全设置"对话框，如图 7-29 所示。单击该对话框中的"编辑"按钮，弹出如图 7-30 所示的对话框。取消对"包括可从该对象的父项继承的权限"复选框的选择，这时弹出"Windows 安全"对话框，如图 7-31 所示，单击"删除"按钮，弹出"警告"对话框，单击"确定"按钮，如图 7-32 所示，单击"是"按钮。

图 7-28　"安全"对话框

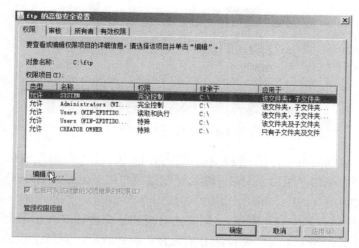

图 7-29　编辑高级权限

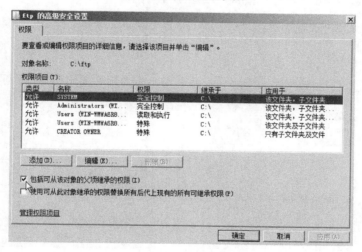

图 7-30　取消继承权

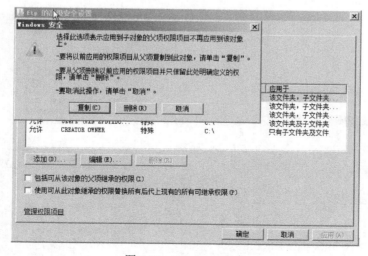

图 7-31　Windows 安全

图 7-32　"警告"对话框

（4）在删除继承权限后，在图 7-33 所示的对话框中单击"编辑"按钮；在弹出的对话框中，如图 7-34 所示，单击"添加"按钮；输入管理员用户组（administrators）、匿名（everyone）和公司各层人员的用户（ZJL、JSBZ、JS01），如图 7-35 所示，然后单击"确定"按钮。根据 NTFS 的权限规则中的"最小安全原则"，即父文件夹和子文件的文件权限会取交集，所以需要让父文件夹最大权限，各个子文件夹按照要求设置相应的权限，也就是说给 ftp 文件夹的各个用户设置最大权限，单击"确定"按钮，如图 7-36 所示。

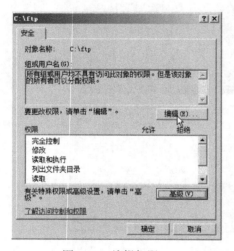

图 7-33　编辑权限

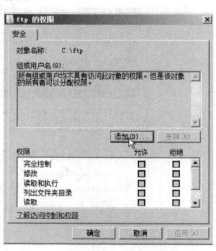

图 7-34　添加访问 FTP 站点的用户

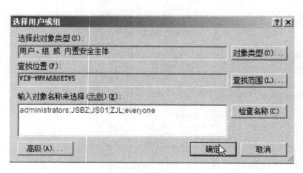

图 7-35　添加用户

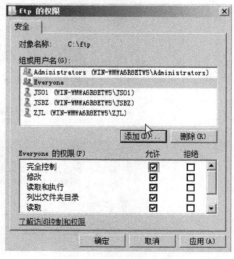

图 7-36　设置父文件夹权限

（5）设置各个子文件夹权限，进入 ftp 文件夹，右击公司文件文件夹，选择"安全"选项，单击"高级"按钮，取消对"包括可从该对象的父项继承的权限"复选框的选择，然后添加所有员工只有上传权限，如图 7-37 所示。右击资源文件夹，选择"安全"选项，单击"高级"按钮，取消时"包括可从该对象的父项继承的权限"复选框的选择，然后添加所有员工只有下载权限，如图 7-38 所示。右击绝密文件夹，选择"安全"选项，单击"高级"按钮，取消时"包括可从该对象的父项继承的权限"复选框的选择，然后添加技术部长对绝密文件夹的上传权限，如图 7-39 所示，总经理将对绝密文件夹有完全控制权限，如图 7-40 所示。

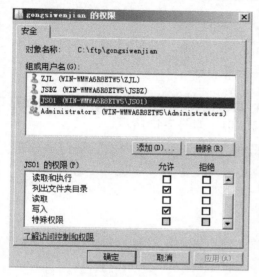

图 7-37　公司文件的安全权限

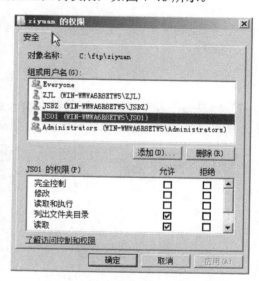

图 7-38　资源文件夹的安全权限

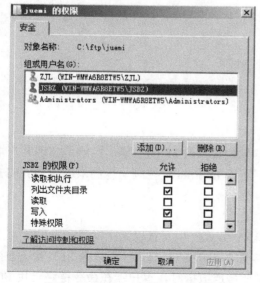

图 7-39　绝密文件夹的安全权限

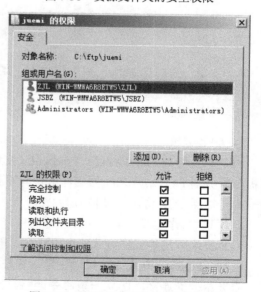

图 7-40　绝密文件夹的完全控制权限

步骤 4　在客户端访问 FTP 站点

（1）在客户端的 IE 浏览器中输入 ftp://192.168.20.201 访问 FTP 站点，如图 7-41 所示。

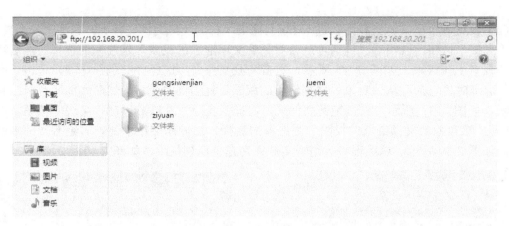

图 7-41　客户端用 IP 访问

（2）如果要在客户端的 IE 浏览器中输入 ftp://ftp.hhsy.cn 访问 FTP 站点，则需要配置 DNS 服务器来实现将 ftp.hhsy.cn 域名解析到 192.168.20.201，如图 7-42 所示。

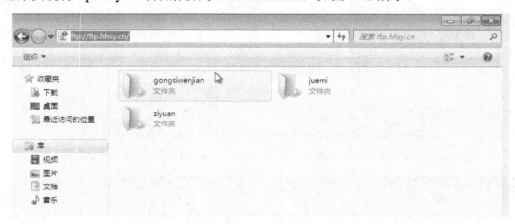

图 7-42　客户端用域名访问

知识链接

1. FTP 功能

FTP 的全称是 File Transfer Protocol（文件传输协议）。FTP 的主要作用就是实现客户端计算机与服务器 FTP 站点之间的文件上传与下载，用于 Internet 上控制文件的双向传输。FTP 服务采用传输层 TCP 协议，端口号为 21。

2. FTP 工作过程

FTP 协议有两种工作方式：PORT 方式和 PASV 方式，中文意思为主动式和被动式。

主动（PORT）方式的连接过程是：客户端向服务器的 FTP 端口（默认是 21）发送连接请求，服务器接受连接，建立一条命令链路。当需要传送数据时，客户端在命令链路上用 PORT 命令告诉服务器："我打开了××××端口，你过来连接我"。于是服务器从 20 端口向客户端的××××端口发送连接请求，建立一条数据链路来传送数据。

被动（PASV）方式的连接过程是：客户端向服务器的 FTP 端口（默认是 21）发送连接请求，服务器接受连接，建立一条命令链路。当需要传送数据时，服务器在命令链路上用 PASV 命令告诉客户端："我打开了××××端口，你过来连接我"。于是客户端向服务器的×××× 端口发送连接请求，建立一条数据链路来传送数据。

3. FTP 站点

除了在创建 FTP 向导中设置相关属性外，还可以右击创建好的 FTP 站点，选择"属性"可以修改相应的设置，选择"FTP 站点"选项卡，设置 FTP 站点的有关属性，如图 7-43 所示。在更改 FTP 站点的属性前，应先停止要修改站点的运行，修改完后必须启动才能运行；也可以先修改站点的属性，然后停止，再启动该站点。

"描述"主要用于描述 FTP 站点，尽量做到见名知意，使得网管员便于管理。

"IP 地址"主要设置 FTP 站点服务器的 IP 地址。

"TCP"端口主要设置访问 FTP 服务器的端口号，默认为 21。若更改成其他非默认端口，则在访问 FTP 服务时需加端口号。

"FTP 站点连接"设置 FTP 站点所允许的客户端连接数。如果对连接个数不做限制，可能导致 FTP 服务器因访问量过大造成连接超时，甚至死机。设置连接超时可以减少空闲连接所造成的服务器处理资源的浪费。

"启用日志记录"可自动记录所有用户访问服务器的信息，如用户使用什么账号登录服务器，什么时间访问服务器，用户使用的哪台客户机登录服务器等信息，便于管理服务器。

4. 安全账户

"安全账户"选项卡如图 7-44 所示，可以设置是否允许匿名连接或者只允许匿名连接，默认为"允许匿名连接"。

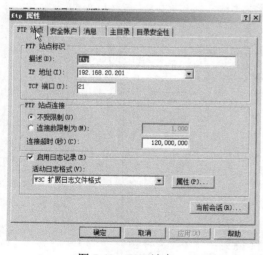

图 7-43　FTP 站点

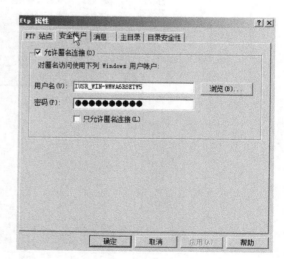

图 7-44　FTP 安全账户

5. 消息

"消息"选项卡如图 7-45 所示，可设置客户登录 FTP 服务器和退出 FTP 服务器时屏幕显示的欢迎欢送消息。

6．主目录

"主目录"选项卡如图 7-46 所示，主要设置 FTP 站点的存放位置，可改变存放的文件夹，也可以将站点内容设置到其他计算机上，还可设置访问权限及目录显示样式。

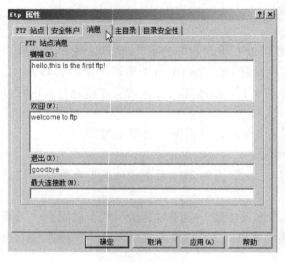

图 7-45　消息设置　　　　　　　　　　　　　图 7-46　主目录设置

7．目录安全性

"目录安全性"选项卡如图 7-47 所示，主要设置哪些计算机可以访问或不能访问 FTP 服务器。

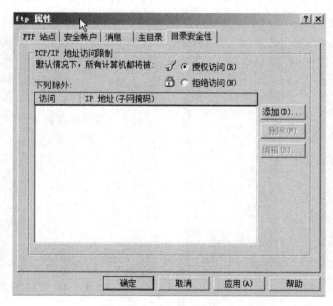

图 7-47　目录安全性设置

⬤任务评价

通过本任务的学习，给自己的学习情况打个分吧。

评价指标	评价内容	掌握情况		
		掌握	需复习	需指导
知识点	理解 FTP 的功能			
	理解 FTP 的工作原理			
	理解主目录			
	理解匿名与一般用户的区别			
	理解 FTP 端口			
技能点	能安装 FTP 服务			
	熟练掌握配置 FTP 服务			
	会设置主目录安全权限			
	会设置 FTP 站点权限			
综合自评				
综合他评				

工作任务 2　FTP 服务器的测试

任务背景

　　FTP 命令是 Internet 用户使用最频繁的命令之一，熟悉并灵活应用 FTP 的内部命令，可以大大方便使用者，特别是在后台访问 FTP 服务时，网管员需要使用 DOS 命令来操作与测试 FTP 站点。

任务分析

　　要求网络管理员使用相应的命令测试与验证工作任务 1 中所配置的 FTP 服务。

任务准备

　　（1）学生一人一台计算机，计算机内预装 Vm Box 虚拟机软件，预装完毕的 Windows Server 2008 和 Windows 7 虚拟机系统各一，并在虚拟机中挂载 Windows Server 2008 和 Windows 7 操作系统安装光盘镜像。

　　（2）打开 Vm Box 虚拟机软件，打开预装的 Windows Server 2008 和 Windows 7 虚拟机操作系统。

　　（3）设置两台虚拟机的网络连接并网络互通，详细设置参考图 7-48。

任务实施

　　（1）在客户端使用命令访问 FTP 服务器。

　　① 在客户端，单击"开始"菜单，选择"命令提示符"，进入 DOS 界面。

　　② 在命令提示符下，输入 ftp://ftp 服务

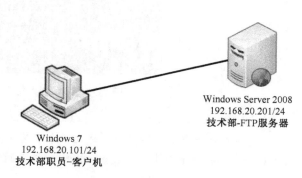

Windows Server 2008
192.168.20.201/24
技术部-FTP服务器

Windows 7
192.168.20.101/24
技术部职员-客户机

图 7-48　实训网络拓扑图

159

器的 IP 地址或者 ftp 服务器的域名，如输入 ftp://192.168.20.201，如图 7-49 所示。

```
C:\Users\sunuponsea>ftp 192.168.20.201
连接到 192.168.20.201。
220-Microsoft FTP Service
220 hello.this is the first ftp!
用户<192.168.20.201:<none>>:
```

图 7-49　用 DOS 登录 FTP

（2）总经理（ZJL）在客户端访问 FTP 服务器。

① 首先用 ftp 命令登入 FTP 站点。

② 在"用户"提示符后面输入用户名，如 ZJL。

③ 在"密码"提示符后面输入用户的密码，如 111。注意：输入密码时在 DOS 界面不会显示。只有用户名与密码正确就可成功访问 FTP 站点，如图 7-50 所示。

```
C:\Users\sunuponsea>ftp 192.168.20.201
连接到 192.168.20.201。
220-Microsoft FTP Service
220 hello.this is the first ftp!
用户<192.168.20.201:<none>>: zjl
331 Password required for zjl.
密码:
230-welcome to ftp
230 User zjl logged in.
ftp>
```

图 7-50　总经理登录 FTP 站点

（3）验证总经理（ZJL）对绝密文件夹的权限。

① 总经理上传 1.txt 文件到绝密文件夹中，如图 7-51 所示。

```
ftp> cd juemi
250 CWD command successful.
ftp> dir
200 PORT command successful.
150 Opening ASCII mode data connection for /bin/ls.
226 Transfer complete.
ftp> put 1.txt
200 PORT command successful.
150 Opening ASCII mode data connection for 1.txt.
226 Transfer complete.
ftp> dir
200 PORT command successful.
150 Opening ASCII mode data connection for /bin/ls.
10-19-14  06:49PM                 0 1.txt
226 Transfer complete.
ftp: 收到 46 字节，用时 0.00秒 46000.00千字节/秒。
ftp>
```

图 7-51　总经理上传 1.txt 文件到 juemi 文件夹

! 注意

先在客户端当前路径目录下建立一个名为 1.txt 的文件，在 FTP 服务器的 juemi 文件夹中新建 2.txt、3.txt 与 4.txt 文件，gongsiwenjian 文件夹新建 2.txt 文件，ziyuan 文件夹中新建 2.txt 文件。

② 总经理下载 2.txt 文件，如图 7-52 所示。

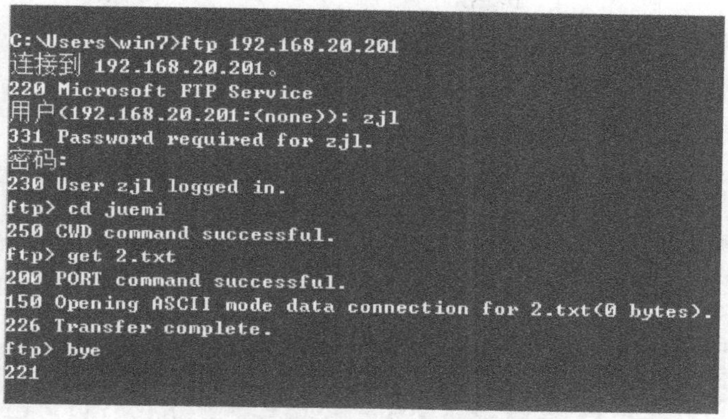

```
C:\Users\win7>ftp 192.168.20.201
连接到 192.168.20.201。
220 Microsoft FTP Service
用户(192.168.20.201:(none)): zjl
331 Password required for zjl.
密码:
230 User zjl logged in.
ftp> cd juemi
250 CWD command successful.
ftp> get 2.txt
200 PORT command successful.
150 Opening ASCII mode data connection for 2.txt(0 bytes).
226 Transfer complete.
ftp> bye
221
```

图 7-52　总经理下载 juemi 文件夹的 2.txt

③ 总经理删除 3.txt 文件，如图 7-53 所示。

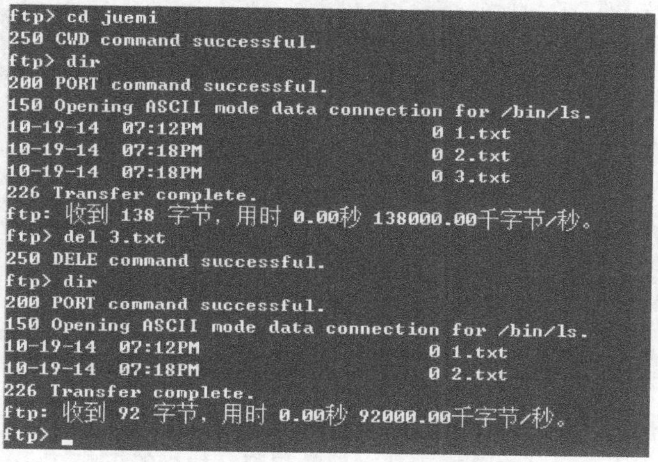

```
ftp> cd juemi
250 CWD command successful.
ftp> dir
200 PORT command successful.
150 Opening ASCII mode data connection for /bin/ls.
10-19-14  07:12PM                    0 1.txt
10-19-14  07:18PM                    0 2.txt
10-19-14  07:18PM                    0 3.txt
226 Transfer complete.
ftp: 收到 138 字节, 用时 0.00秒 138000.00千字节/秒。
ftp> del 3.txt
250 DELE command successful.
ftp> dir
200 PORT command successful.
150 Opening ASCII mode data connection for /bin/ls.
10-19-14  07:12PM                    0 1.txt
10-19-14  07:18PM                    0 2.txt
226 Transfer complete.
ftp: 收到 92 字节, 用时 0.00秒 92000.00千字节/秒。
ftp>
```

图 7-53　总经理删除 juemi 文件夹的 3.txt 文件

④ 总经理将 4.txt 文件改成 3.txt，如图 7-54 所示。

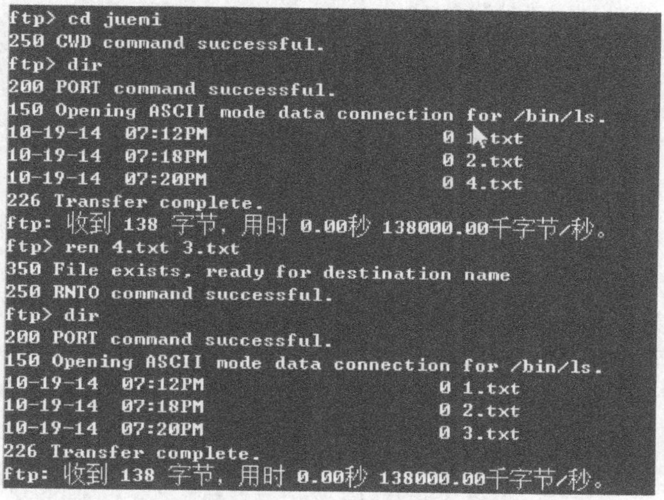

```
ftp> cd juemi
250 CWD command successful.
ftp> dir
200 PORT command successful.
150 Opening ASCII mode data connection for /bin/ls.
10-19-14  07:12PM                    0 1.txt
10-19-14  07:18PM                    0 2.txt
10-19-14  07:20PM                    0 4.txt
226 Transfer complete.
ftp: 收到 138 字节, 用时 0.00秒 138000.00千字节/秒。
ftp> ren 4.txt 3.txt
350 File exists, ready for destination name
250 RNTO command successful.
ftp> dir
200 PORT command successful.
150 Opening ASCII mode data connection for /bin/ls.
10-19-14  07:12PM                    0 1.txt
10-19-14  07:18PM                    0 2.txt
10-19-14  07:20PM                    0 3.txt
226 Transfer complete.
ftp: 收到 138 字节, 用时 0.00秒 138000.00千字节/秒。
```

图 7-54　总经理将 juemi 文件夹中 4.txt 改名为 3.txt

（4）验证技术部长（JSBZ）对绝密文件夹的权限。

① 技术部长登录 FTP 站点。

② 技术部长将 1.txt 文件上传到 juemi 文件夹，如图 7-55 所示。

```
C:\Users\win7>ftp 192.168.20.201
连接到 192.168.20.201。
220 Microsoft FTP Service
用户(192.168.20.201:(none)): jsbz
331 Password required for jsbz.
密码:
230 User jsbz logged in.
ftp> cd juemi
250 CWD command successful.
ftp> dir
200 PORT command successful.
150 Opening ASCII mode data connection for /bin/ls.
10-19-14  07:18PM                0 2.txt
10-19-14  07:20PM                0 3.txt
10-19-14  07:24PM                0 4.txt
226 Transfer complete.
ftp: 收到 138 字节, 用时 0.00秒 138000.00千字节/秒。
ftp> put 1.txt
200 PORT command successful.
150 Opening ASCII mode data connection for 1.txt.
226 Transfer complete.
ftp> dir
200 PORT command successful.
150 Opening ASCII mode data connection for /bin/ls.
10-19-14  07:25PM                0 1.txt
10-19-14  07:18PM                0 2.txt
10-19-14  07:20PM                0 3.txt
10-19-14  07:24PM                0 4.txt
226 Transfer complete.
ftp: 收到 184 字节, 用时 0.00秒 184000.00千字节/秒。
```

图 7-55　技术部长将 1.txt 文件上传到 juemi 文件夹

③ 拒绝技术部长从 juemi 文件夹下载文件的权限，如拒绝下载 2.txt，如图 7-56 所示。

```
C:\Users\win7>ftp 192.168.20.201
连接到 192.168.20.201。
220 Microsoft FTP Service
用户(192.168.20.201:(none)): jsbz
331 Password required for jsbz.
密码:
230 User jsbz logged in.
ftp> cd juemi
250 CWD command successful.
ftp> dir
200 PORT command successful.
150 Opening ASCII mode data connection for /bin/ls.
10-19-14  07:25PM                0 1.txt
10-19-14  07:18PM                0 2.txt
10-19-14  07:20PM                0 3.txt
10-19-14  07:24PM                0 4.txt
226 Transfer complete.
ftp: 收到 184 字节, 用时 0.00秒 184000.00千字节/秒。
ftp> get 2.txt
200 PORT command successful.
550 2.txt: Access is denied.
ftp> bye
221
```

图 7-56　拒绝技术部长从 juemi 文件夹下载 2.txt 文件

④ 拒绝技术部长从 juemi 文件夹删除文件的权限，如拒绝删除 3.txt，如图 7-57 所示。

图 7-57　拒绝技术部长从 juemi 文件夹删除 3.txt 文件

⑤ 拒绝技术部长更改 juemi 文件中文件名的权限，如拒绝将 4.txt 改成 5.txt，如图 7-58 所示。

图 7-58　拒绝技术部长更改 juemi 文件夹中的 4.txt 文件名

（5）验证技术部员工（JS01）对公司文件与资源文件的权限。

① 首先用 ftp 命令登录 FTP 站点。

② 拒绝技术部员工对资源文件夹的上传权限，如拒绝上传 1.txt 文件，如图 7-59 所示。

```
C:\Users\win7>ftp 192.168.20.201
连接到 192.168.20.201。
220 Microsoft FTP Service
用户(192.168.20.201:(none)): js01
331 Password required for js01.
密码:
230 User js01 logged in.
ftp> cd ziyuan
250 CWD command successful.
ftp> dir
200 PORT command successful.
150 Opening ASCII mode data connection for /bin/ls.
10-19-14  07:41PM                      0 2.txt
226 Transfer complete.
ftp: 收到 46 字节, 用时 0.00秒 46000.00千字节/秒。
ftp> put 1.txt
200 PORT command successful.
550 1.txt: Access is denied.
ftp> dir
200 PORT command successful.
150 Opening ASCII mode data connection for /bin/ls.
10-19-14  07:41PM                      0 2.txt
226 Transfer complete.
ftp: 收到 46 字节, 用时 0.00秒 46000.00千字节/秒。
```

图 7-59　拒绝技术部员工将 1.txt 文件上传到 ziyuan 文件夹

③ 技术部员工对资源文件夹的下载权限，如下载 2.txt 文件，如图 7-60 所示。

```
C:\Users\win7>ftp 192.168.20.201
连接到 192.168.20.201。
220 Microsoft FTP Service
用户(192.168.20.201:(none)): js01
331 Password required for js01.
密码:
230 User js01 logged in.
ftp> cd ziyuan
250 CWD command successful.
ftp> dir
200 PORT command successful.
150 Opening ASCII mode data connection for /bin/ls.
10-19-14  07:41PM                      0 2.txt
226 Transfer complete.
ftp: 收到 46 字节, 用时 0.00秒 46000.00千字节/秒。
ftp> get 2.txt
200 PORT command successful.
150 Opening ASCII mode data connection for 2.txt(0 bytes).
226 Transfer complete.
ftp> bye
221
```

图 7-60　技术部员工下载 ziyuan 文件夹中的 2.txt 文件

④ 技术部员工对公司文件的上传权限，如上传 1.txt 文件，如图 7-61 所示。

图 7-61 技术部员工将 1.txt 文件上传到 gongsiwenjian 文件夹

⑤ 拒绝技术部员工对公司文件的下载权限，如拒绝下载 2.txt 文件，如图 7-62 所示。

图 7-62 拒绝技术部员工下载 gongsiwenjian 文件夹中的 2.txt 文件

（6）验证匿名（anonymous）在客户端访问 FTP 服务器。

① 首先用 ftp 命令登录 FTP 站。

② 拒绝匿名用户访问绝密文件夹，如图 7-63 所示。

```
C:\Users\win7>ftp 192.168.20.201
连接到 192.168.20.201。
220 Microsoft FTP Service
用户<192.168.20.201:<none>>: anonymous
331 Anonymous access allowed, send identity (e-mail name) as password.
密码:
230 Anonymous user logged in.
ftp> dir
200 PORT command successful.
150 Opening ASCII mode data connection for /bin/ls.
10-19-14  07:47PM       <DIR>          gongsiwenjian
10-19-14  07:25PM       <DIR>          juemi
10-19-14  07:41PM       <DIR>          ziyuan
226 Transfer complete.
ftp: 收到 147 字节, 用时 0.00秒 147000.00千字节/秒。
ftp> cd juemi
550 juemi: Access is denied.
ftp> dir
200 PORT command successful.
150 Opening ASCII mode data connection for /bin/ls.
10-19-14  07:47PM       <DIR>          gongsiwenjian
10-19-14  07:25PM       <DIR>          juemi
10-19-14  07:41PM       <DIR>          ziyuan
226 Transfer complete.
ftp: 收到 147 字节, 用时 0.01秒 9.80千字节/秒。
```

图 7-63　拒绝匿名访问 juemi 文件夹

知识链接

1. **格式**：FTP　FTP 服务器 IP 地址或 ftp 服务器域名

功能：登录 FTP 站点命令。

2. **格式**：bye、quit

功能：（1）bye 退出 FTP 服务器；

　　　（2）quit 相当于 bye。

3. **格式**：cd　路径

功能：cd 改变当前工作目录。

4. **格式**：delete　文件名

功能：删除 remote 端的文件。

5. **格式**：mdelete　文件1，文件2，…，文件 n

功能：批量删除文件。

6. **格式**：rename　源文件名　目标文件名

功能：更改文件名。

7. **格式**：get 文件名

功能：下载文件。

8. **格式**：mget　文件1，文件2，…，文件 n

功能：批量下载文件。

9. **格式**：put　文件名

功能：上传文件。

10. **格式**：mput　文件1，文件2，…，文件 n

功能：批量上传文件。

11. **格式**：user

11．**格式**：user

功能：再输入一次用户名和口令。

任务评价

通过本任务的学习，给自己的学习情况打个分吧。

评价指标	评价内容	掌握情况		
		掌握	需复习	需指导
知识点	熟记有关 DOS 命令			
	使用 DOS 命令访问 FTP 站点			
技能点	能用命令登录 FTP 站点			
	能用命令上传文件			
	能用命令下载文件			
	能用命令更改文件名			
	能用命令删除文件			
	能用命令测试 FTP 服务器			
综合自评				
综合他评				

项目 8

服务器管理与安全

项目 8 任务分解图如图 8-1 所示。

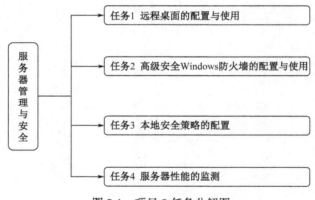

图 8-1　项目 8 任务分解图

　　安装有 Windows Server 2008 操作系统的服务器可以为我们提供各种各样的功能与服务，从而实现办公的信息化、现代化。随之，如何方便地实现服务器管理与安全的问题被提到了广大网络管理员的面前。

　　Windows Server 2008 不仅能为广大用户提供了各种各样的服务，还为管理员提供了远程桌面、高级安全 Windows 防火墙、安全策略和性能监测等功能，可以比较方便地实现服务器的管理与安全。

　　通过本项目的学习，将学会配置和使用远程桌面来远程管理服务器，学会使用任务管理器、资源监视器等监测服务器的运行状况，学会配置高级安全 Windows 防火墙、本地安全策略实现服务器的安全。

工作任务 1　远程桌面的配置与使用

任务背景

考虑到温度、湿度、电压等环境和安全因素，经过相关领导的同意，技术部将部门服务器（JSBserver）部署在公司网络中心机房。但是在服务器的实际管理中，却碰到如下问题：由于网络中心机房是专用机房，安全等各项制度规定不能随意进入，更不可能进行频繁的直面服务器的管理操作，给部门服务器的管理工作带来了很大的制约。请网络管理员解决：如何才能让部门成员方便地管理远在网络中心的部门服务器？

任务分析

因安全管理等需求，在实际工作环境中，服务器管理人员往往不能频繁进入专用机房进行面向服务器的直接操作。但可以在 Windows Server 2008 服务器端开启远程桌面功能，让被授权人员在机房外的任意一台计算机远程登录封闭在机房中的服务器，进行服务器的远程管理和维护。本任务将模拟技术部部长（JSBZ）在 Windows 7 客户机使用远程桌面功能远程访问部门服务器（JSBserver），将客户机上 C:盘根目录下的文件 JSB.HTML 上传到部门 WWW 服务器的 C:\www 目录下。

任务准备

（1）学生一人一台计算机，计算机内预装 Oracle VM VirtualBox 虚拟机软件，预装完毕的 Windows Server 2008 和 Windows 7 虚拟机系统各一台，并在虚拟机中挂载 Windows Server 2008 和 Windows 7 操作系统安装光盘镜像。

（2）打开 VirtualBox 虚拟机软件，打开预装的 Windows Server 2008 和 Windows 7 虚拟机操作系统。

（3）设置两台虚拟机的网络连通并测试正常，详细设置参考图 8-2。

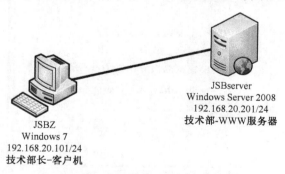

JSBserver
Windows Server 2008
192.168.20.201/24
技术部-WWW服务器

JSBZ
Windows 7
192.168.20.101/24
技术部长-客户机

图 8-2　项目 8 任务 1 实训网络拓扑图

任务实施

步骤 1　在服务器启用远程桌面功能

以管理员身份本地登录服务器 JSBserver，右击桌面上的"计算机"图标 ，在弹出的对话框中选择"属性"，打开如图 8-3 所示的"系统"窗口。

图 8-3 "系统"窗口

在"系统"窗口中单击左上方的"远程设置（R）"链接，然后在打开的"系统属性"对话框中切换到"远程"选项卡，选中"允许运行任意版本远程桌面的计算机连接（较不安全）（L）"单选按钮，如图 8-4 所示。

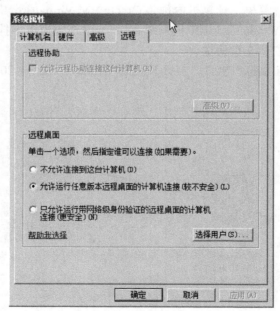

图 8-4 设置允许远程桌面

步骤 2 授予用户进行远程桌面连接的权限

在默认情况下，Administrators 组内的成员拥有远程连接的权限。如果希望其他用户能远程连接到服务器上，需要给这些用户授予远程桌面连接的权限。给用户 JSBZ 授权的步骤如下：

在如图 8-4 所示的"系统属性"对话框的"远程"选项卡中，单击"选择用户（S）…"按钮，将出现"远程桌面用户"对话框，单击"添加"按钮，找到用户 JSBZ，如图 8-5 所示，将其添加入远程桌面用户列表，即可允许该用户使用远程桌面访问本服务器。

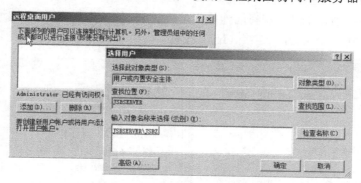

图 8-5　添加远程桌面用户 JSBZ

提示

如图 8-6 所示，也可以在"服务器管理器"的"本地用户和组"管理中将用户 JSBZ 添加到：Remote Desktop Users 组中，授予其可以使用远程桌面访问的权限。

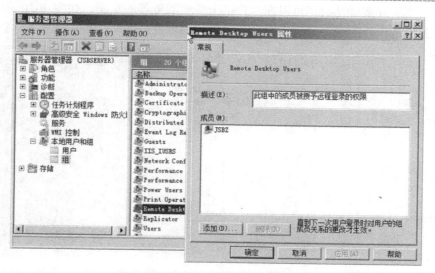

图 8-6　通过用户组设置进行远程授权

步骤 3　在客户机使用远程桌面连接服务器

在 Windows 7 客户机上，可以通过远程桌面连接到服务器上，具体步骤如下：

（1）在客户机上，依次选择"开始"→"所有程序"→"附件"→"远程桌面连接"，打开"远程桌面连接"对话框。

提示

在 Windows 7 客户机上，也可选择"开始"→"运行"命令（开始菜单中没有该命令时在开始菜单属性中添加，也可直接使用"Win+R"组合键打开），如图 8-7 所示，在打开的"运行"对话框中输入命令"mstsc"，也可打开"远程桌面连接"对话框。

（2）在如图 8-8 所示的"远程桌面连接"对话框中，输入服务器的 IP 地址：192.168.20.201（或服务器的计算机名），单击"连接（N）"按钮。

图 8-7 在"运行"对话框中运行命令"mstsc"　　图 8-8 "远程桌面连接"对话框

（3）在如图 8-9 所示的"Windows 安全"对话框中，输入您的凭据，即用户名 JSBZ 和密码，单击"确定"按钮。

（4）远程桌面连接成功后，可以在客户机上看到服务器的桌面，如图 8-10 所示。此时，我们就可以直接远程控制服务器进行服务器的管理与设置。

图 8-9 输入远程桌面连接凭证　　图 8-10 远程桌面连接成功

步骤 4　将客户机文件传送到服务器

用户在 Windows 7 客户机上使用远程桌面管理 Windows Server 2008 服务器时，可以将本地磁盘映射到服务器上，来实现文件传送，步骤如下：

（1）在如图 8-8 所示的"远程桌面连接"对话框中，展开"选项（O）"，并切换到"本地资源"选项卡，如图 8-11 所示，在其中可以看到，默认情况下本地打印机等能在远程服务器上使用。

（2）单击"详细信息（M）…"按钮，如图 8-12 所示，在出现的对话框中选中需要在远程服务器上使用的驱动器（本例中选择本地磁盘 C:）。

图 8-11 "远程桌面连接"的"本地资源"选项卡

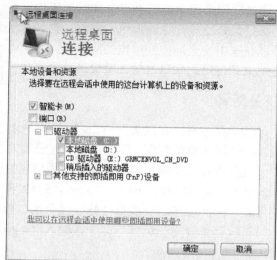

图 8-12 选择本地驱动器

（3）如图 8-13 所示，在远程桌面连接成功后，可以在服务器的资源管理器中看到客户机 JSBZ 上的驱动器 C:。这样在远程服务器上，就可以方便地和本地客户机进行文件、文件夹等资料的复制和粘贴，实现文件传输。

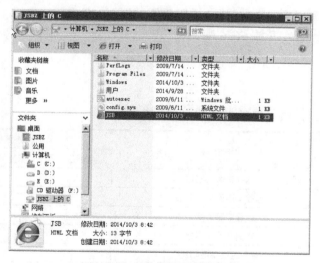

图 8-13 远程桌面映射的磁盘

知识链接

远程桌面是微软公司为了方便网络管理员管理维护服务器而推出的一项服务。从 Windows 2000 Server 版本开始由微软公司提供，在 Windows 2000 Server 中它不是默认安装的。

远程桌面一经推出就受到了很多用户的拥护和喜好，所以在 Windows XP、Windows 2003、Windows 7 和 Windows Server 2008 中微软公司将该组件的启用方法进行了改革，我们通过简单的勾选就可以完成在 Windows XP 和 Windows 2003 下远程桌面连接功能的开启。

当某台计算机开启了远程桌面连接功能后，我们就可以在网络的另一端控制这台计算机了，通过远程桌面功能我们可以实时地操作这台计算机，在其上安装软件，运行程序。所有的一切都好像是直接在该计算机上操作一样。这就是远程桌面的最大功能，通过该功能网络管理员可以在家中安全地控制单位的服务器，而且由于该功能是系统内置的，因此比其他第三方远程控制工具使用起来更方便，更灵活。

任务拓展

　　远程桌面是网络管理员对 Windows 系统实施远程管理和维护的首选工具，当然也是攻击者窥视和企图接管的对象。因此，一个有经验的系统管理员在客户端或者服务器上开启远程桌面后一定会进行一些安全部署。除了加强相应的安全权限、策略等设置外，建议修改 Windows Server 2008 远程桌面的默认端口 3389。3389 端口是远程桌面的默认服务端口，备受网络攻击者的青睐，因此服务器一般都会修改这个端口数值或者关闭。修改的步骤如下：

　　（1）执行"开始→运行"命令，输入"regedit"命令，打开注册表编辑器，修改注册表中的选项：

　　① [HKEY_LOCAL_MACHINE\SYSTEM\CurrentControlSet\Control\TerminalServer\Wds\rdpwd\Tds\tcp]

　　PortNumber 值，默认是 3389，修改成所希望的端口，比如 6666。

　　② [HKEY_LOCAL_MACHINE\SYSTEM\CurrentControlSet\Control\TerminalServer\Win Stations\RDP-Tcp]

　　PortNumber 值，默认是 3389，修改成所希望的端口，比如 6666。

　　（2）修改防火墙设置，开放 6666 端口。

　　（3）重启系统。

任务评价

　　通过本任务的学习，给自己的学习情况打个分吧。

评价指标	评价内容	掌握情况		
		掌握	需复习	需指导
知识点	远程桌面的原理			
	远程桌面的用户权限			
	远程桌面的端口			
技能点	实训环境的搭建			
	启用远程桌面功能			
	授予用户远程桌面的权限			
	远程桌面的文件传输			
	远程桌面的端口安全			
综合自评	满分 100 分			
综合他评	满分 100 分			

工作任务 2　高级安全 Windows 防火墙的配置与使用

任务背景

　　自从有了专门的部门服务器（JSBserver）后，技术部长发现部门的办公效率得到了一定的提高，但是发现了几个影响服务器安全的问题：①在所有的部门计算机上都能使用远程桌面登录服务器；②服务器中的 IE 浏览器等软件能访问任何网络；③其他部门的计算机能访问本服务器的办公网络……请网络管理员解决：如何消除以上安全隐患？

任务分析

　　Windows Server 2008 自带了高级安全 Windows 防火墙，对其进行正确设置可较好地实现服务器的安全。针对以上提出的问题，我们可开启防火墙，对应设置如下：①设置只有技术部长的计算机（假设 IP 地址为：192.168.20.101）能通过远程桌面登录访问服务器；②设置服务器的 IE 浏览器等程序不能访问网络中的任何其他计算机设备；③设置只有本部门的计算机（IP 地址范围：192.168.20.101-200）能访问服务器的 WWW 服务。

任务准备

　　（1）学生一人一台计算机，计算机内预装 Oracle VM VirtualBox 虚拟机软件，预装完毕的 Windows Server 2008 虚拟机系统一台和 Windows 7 虚拟机系统至少一台（建议两台以上，方便测试效果），并在虚拟机中挂载 Windows Server 2008 和 Windows 7 操作系统安装光盘镜像。

　　（2）打开 VirtualBox 虚拟机软件，打开预装的 Windows Server 2008 和 Windows 虚拟机操作系统。在服务器上配置并开启远程桌面功能（需设置账户 JSBZ 能通过远程桌面访问服务器）和 WWW 服务（默认即可）等。

　　（3）设置两台虚拟机的网络连通并测试正常（含远程桌面功能和 WWW 服务），详细设置参考图 8-14。

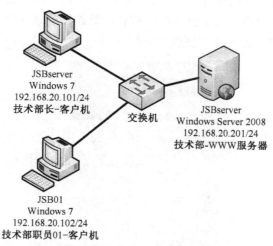

图 8-14　项目 8 任务 2 实训网络拓扑图

任务实施

步骤 1 开启（关闭）高级安全 Windows 防火墙

以服务器系统管理员身份本地登录服务器 JSBserver 后，依次单击"开始"→"管理工具"→"高级安全 Windows 防火墙"，打开如图 8-15 所示的"高级安全 Windows 防火墙"窗口。

图 8-15　"高级安全 Windows 防火墙"窗口

从窗口左侧可看到共有"入站规则"、"出站规则"和"连接安全性规则"三种规则。同时，从窗口中间的"概述"部分可看到，默认情况下，高级安全 Windows 防火墙在三种网络（域网络、专用网络、公用网络）的配置文件中都设置了"启用 Windows 防火墙"，并且都设置阻止与规则不匹配的入站连接、允许与规则不匹配的出站连接。如需要关闭防火墙功能，可单击下方的"Windows 防火墙属性"链接，进入如图 8-16 所示的属性窗口，将防火墙的状态更改为"关闭"即可，在该窗口还可以更改入站连接和出站连接的默认规则。但强烈建议初学者保持默认状态，不要关闭防火墙也不要更改默认规则。

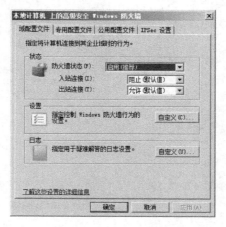

图 8-16　"高级安全 Windows 防火墙"属性窗口

步骤 2　编辑入站规则，仅允许技术部长的计算机能使用服务器的远程桌面功能

　　在 Windows Server 2008 系统中，设置好远程桌面功能后，"远程桌面（TCP-In）"的防火墙规则会默认集成在高级安全 Windows 防火墙的入站规则中，如图 8-17 所示，可以看到此时该规则处于"启用"状态（可单击右侧下方的"禁用规则"或"启用规则"进行禁用或启用），表示此时防火墙允许网络中的其他计算机使用远程桌面登录访问本服务器。为了服务器的安全起见，我们可以通过修改配置，仅允许技术部长的计算机（IP 地址为 192.168.20.101）能使用服务器的远程桌面功能。具体操作方法如下：

图 8-17　集成的"远程桌面（TCP-In）"的入站规则

　　（1）右键单击需要配置的规则（远程桌面（TCP-In）），在弹出的快捷菜单中选择"属性"选项，打开如图 8-18 所示的"远程桌面（TCP-In）属性"对话框，在"常规"选项卡中，显示了本规则的一些基本信息，如是否启用、允许还是阻止连接等。

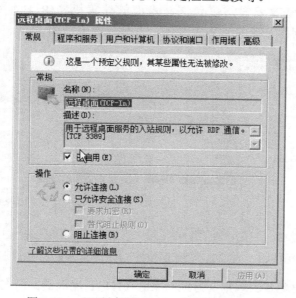

图 8-18　"远程桌面（TCP-In）属性"对话框

（2）根据任务要求，切换到其中的"作用域"选项卡，在"远程 IP 地址"部分，选择"下列 IP 地址"，并添加技术部长计算机的 IP 地址：192.168.20.101，如图 8-19 所示。

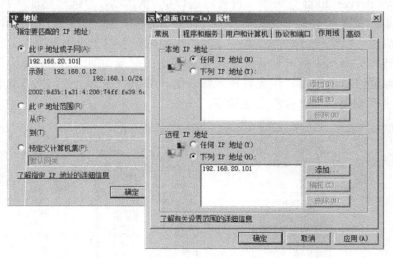

图 8-19　在"作用域"选项卡中添加 IP 地址

（3）单击"确定"按钮，应用并保存规则的修改。对比规则修改应用前后，可发现在修改前，图 8-14 中的 Windows 7 客户机 JSBZ 和 JS01 都能使用远程桌面登录访问服务器，但是修改后，仅技术部长的客户机 JSBZ 能使用远程桌面登录访问服务器。

步骤 3　编辑入站规则，仅允许技术部的计算机能访问服务器的 WWW 服务

同远程桌面，Windows Server 2008 系统的 WWW 服务配置开启后，名为"万维网服务（HTTP 流入量）"的防火墙入站规则将默认集成在高级安全 Windows 防火墙的入站规则中，并处于"开启"状态，如图 8-20 所示。默认情况下，防火墙允许网络中的其他计算机访问服务器的 WWW 服务。我们可以通过修改配置，仅允许技术部的计算机（IP 地址范围 192.168.20.101～192.168.20.200）能访问服务器的 WWW 服务。具体操作方法如下：

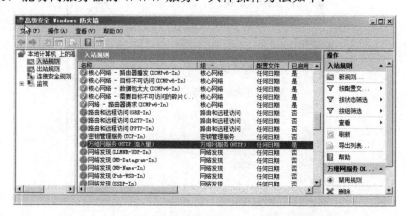

图 8-20　集成的"万维网服务（HTTP 流入量）"的规则

（1）右键单击需要配置的规则（万维网服务（HTTP 流入量）），在弹出的快捷菜单中选择"属性"选项，打开"万维网服务（HTTP 流入量）属性"对话框。

（2）切换到其中的"作用域"选项卡，在"远程 IP 地址"部分，指定"下列 IP 地址"，添加地址范围：192.168.20.101～192.168.20.200，如图 8-21 所示。

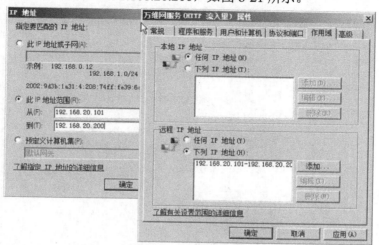

图 8-21　在"作用域"选项卡中添加 IP 地址范围

（3）单击"确定"按钮，应用并保存规则的修改。对比规则修改应用前后，可发现修改前，所有客户机（建议设置一台客户机的 IP 地址不在以上地址范围内，进行测试）都能访问服务器的 WWW 服务，但是修改后，仅指定地址范围内的客户机可访问。

步骤 4　添加出站规则，禁止服务器的 IE 浏览器访问网络中的其他计算机

默认情况下，Windows 防火墙一般允许所有的出站连接。如需要禁止服务器上的 IE 浏览器访问网络，具体步骤如下：

（1）在"高级安全 Windows 防火墙"窗口，右键单击"出站规则"，在弹出的快捷菜单中选择"新规则…"选项，将开启"新建出站规则向导"，打开如图 8-22 所示的"规则类型"对话框。因为 IE 浏览器属于程序类型，这里我们选择"程序"单选按钮。

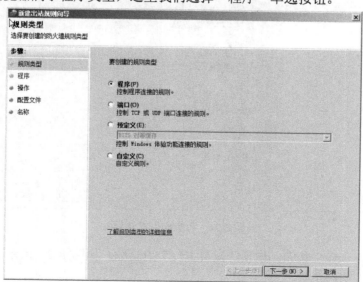

图 8-22　"规则类型"对话框

（2）单击"下一步"按钮，出现"程序"对话框，如图 8-23 所示。根据任务要求，我们通过"浏览"来指定 IE 浏览器的程序路径和程序名。

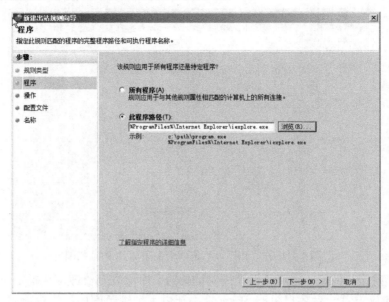

图 8-23　"程序"对话框

（3）单击"下一步"按钮，出现"操作"对话框，如图 8-24 所示。根据任务要求，选择"阻止连接"单选按钮，表示当符合指定条件时进行阻止连接的操作。

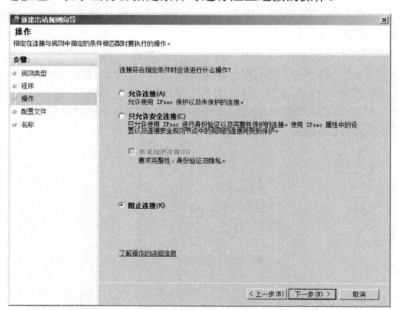

图 8-24　"操作"对话框

（4）单击"下一步"按钮，出现"配置文件"对话框，如图 8-25 所示，在此设置本规则的应用范围为所有网络范围。

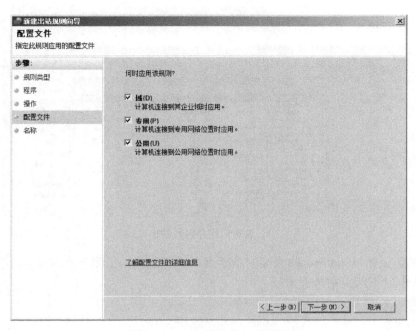

图 8-25　"配置文件"对话框

（5）单击"下一步"按钮，出现"名称"对话框。在"名称"文本框中输入该规则的名称用于显示，便于识别，在"描述"文本框中，输入本规则的详细描述信息，防止记忆失误，如图 8-26 所示。

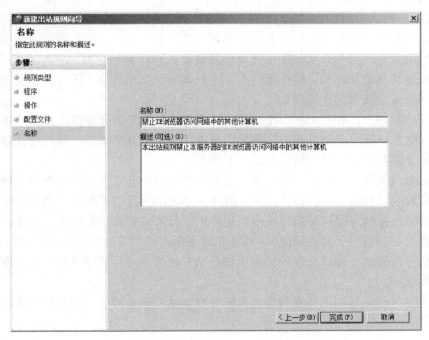

图 8-26　"名称"对话框

（6）单击"完成"按钮，即可保存并启用刚刚创建的出站规则，如图 8-27 所示。对比本规则启用前后，可发现，启用前服务器的 IE 浏览器可访问外网（如网易 www.163.com），规则启用后，却不能访问。

图 8-27　成功创建并启用的出站规则

当然，高级安全 Windows 防火墙的功能远不止于此，为了服务器的安全，我们需要不断学习、实验，争取不断提高技能水平。

知识链接

与以前 Windows 版本中的防火墙相比，Windows Server 2008 中的高级安全 Windows 防火墙（WFAS）有了较大的改进，首先它支持双向保护，可以对入站、出站通信进行过滤。其次它将 Windows 防火墙功能和 Internet 协议安全（IPSec）集成到一个控制台中。

在 Windows Server 2008 高级防火墙配置中，通过使用配置规则来响应传入和传出流量，以便确定允许或阻止哪种数据流量。

其中出站规则用于允许或者拒绝从本计算机出发到达与规则条件匹配的计算机的通信。例如可以设置一条规则阻止本计算机的出站通信通过防火墙访问到达另一台计算机，但是同样的出站通信可以到达其他计算机。默认情况下，防火墙允许出站通信，所以一般要设置出站规则来阻止一些存在安全隐患的出站通信。

入站规则刚好相反，用于允许或者拒绝从与规则条件匹配的计算机出发到达本计算机的通信。例如可以设置一条规则允许某些计算机访问本计算机的某个服务，而其他计算机则不能访问同一个服务。默认情况下防火墙将阻止入站通信。

当传入数据包到达计算机时，防火墙检查该数据包，并确定它是否符合防火墙规则中指定的标准，如果数据包与规则中的标准匹配，则防火墙将执行规则中指定的操作，即阻止连接或允许连接；如果数据包与规则中的标准不匹配，则防火墙将丢弃该数据包，并在防火墙日志中创建相应条目（如果启用了日志记录）。若要允许通信，必须先创建相应的入站规则。

对规则进行配置时，可以从各种标准中进行选择，包括应用程序名称、系统服务名称、系统端口、IP 地址等。

通过对入站和出站规则的合理设置，系统的安全性将大大增强，从而能够更有效地增强计算机的安全性。

任务拓展

如果一台 Windows Server 2008 服务器上安装并启用 FTP 服务后，高级安全 Windows 防火墙中将添加一条允许所有 FTP 入站连接的入站规则。如何配置防火墙规则以阻止客户端（192.168.20.10）通过 FTP 连接到服务器，而其他客户端都能够通过 FTP 连接到服务器呢？

任务评价

通过本任务的学习，给自己的学习情况打个分吧。

评价指标	评价内容	掌握情况		
		掌握	需复习	需指导
知识点	防火墙的原理			
	入站规则			
	出站规则			
技能点	实训环境的搭建			
	开启/关闭防火墙			
	添加入站/出站规则			
	编辑入站/出站规则			
综合自评	满分 100 分			
综合他评	满分 100 分			

工作任务 3　本地安全策略的配置

任务背景

在公司的运营过程中，销售部长发现，部门中的有些职员在使用部门 FTP 服务器 XSBserver 的过程中，为了方便，仅仅设置了非常简单的密码，如"111111"、"123"、"888"等，而且职员长期不更改个人账户的密码、职员账户能直接在服务器上登录等安全漏洞，给服务器上的公司和个人资料安全造成了不小的威胁。请网络管理员帮忙解决：如何提高服务器的安全性？

任务分析

我们可以通过设置 Windows Server 2008 的服务器本地安全策略来进一步提高服务器的安全性，规范本地用户登录服务器的一些操作权限，常用的设置有：

（1）用户密码长度大于 6 位；密码必须同时包含大写英文字母、小写英文字母、数字和非字母字符四类中的三类；一个密码使用 30 天后必须更改等；

（2）当账户密码输入出现 3 次错误后锁定该账户，锁定时间为 40 分钟，复位账户锁定计数器为 20 分钟；

（3）仅允许超级用户组 Administrators 成员和销售部长 XSBZ 能在服务器本地登录，拒绝部门其他账户本地登录服务器，只有超级用户组 Administrators 成员能关闭本服务器，所有账户都能通过网络访问本服务器。

任务准备

（1）学生一人一台计算机，计算机内预装 Oracle VM VirtualBox 虚拟机软件，预装完毕的 Windows Server 2008 和 Windows 7 虚拟机系统各一台，并在虚拟机中挂载 Windows Server 2008

和 Windows 7 操作系统安装光盘镜像。

（2）打开 VirtualBox 虚拟机软件，打开预装的 Windows Server 2008 和 Windows 虚拟机操作系统。在服务器上预先建好用户 XSBZ、XS01、XS02 等。

（3）设置两台虚拟机的网络连通并测试正常，详细设置参考图 8-28。

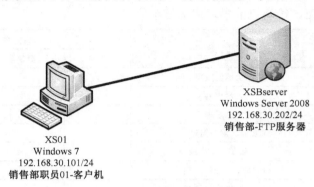

XSBserver
Windows Server 2008
192.168.30.202/24
销售部-FTP服务器

XS01
Windows 7
192.168.30.101/24
销售部职员01-客户机

图 8-28　实训网络拓扑图

任务实施

步骤 1　设置服务器的密码策略

密码策略会强制服务器上用户设置的密码必须遵守一定的安全规则，可用于保护用户账户的登录安全。本步骤中我们将设置强制用户密码长度必须大于 6 位；密码必须同时包含大写英文字母、小写英文字母、数字和非字母字符四类中的三类；一个密码使用 30 天后必须更改等。具体步骤如下：

（1）依次点击"开始"→"程序"→"管理工具"→"本地安全策略"，打开"本地安全策略"窗口。

（2）如图 8-29 所示，选择"账户策略"下的"密码策略"。

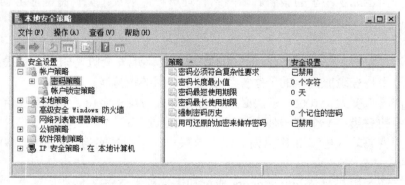

图 8-29　设置"密码策略"

（3）双击"密码必须符合复杂性要求"，将显示如图 8-30 所示的对话框，选择"已启用"，单击"确定"按钮开启该策略。

（4）双击"密码长度最小值"，将显示如图 8-31 所示的对话框，在其中设置密码必须是 8 个字符，单击"确定"按钮开启该策略。

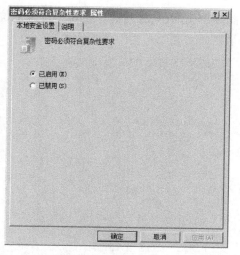

图 8-30 启用"密码必须符合复杂性要求"策略

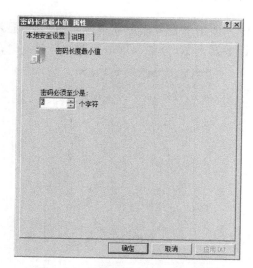

图 8-31 设置"最小密码长度"策略

（5）双击"密码最长使用期限"，将显示如图 8-32 所示的对话框，在其中设置密码过期时间为 30 天，单击"确定"按钮开启该策略。

步骤 2 设置服务器的账户锁定策略

账户锁定策略主要用于确定某个用户账户被锁定条件和时间长短，以有效防止入侵者无休止地尝试登录。本步骤中我们将设置当账户密码输入出现 3 次错误后锁定该账户，锁定时间为 40 分钟，复位账户锁定计数器为 20 分钟。

（1）在"本地安全策略"窗口，选择"账户策略"下的"账户锁定策略"，双击"账户锁定阈值"，将显示如图 8-33 所示的对话框，在其中设置发生 3 次无效登录后，锁定账户，单击"确定"按钮开启该策略。

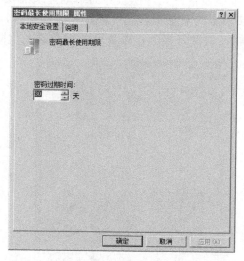

图 8-32 设置"密码最长使用期限"策略

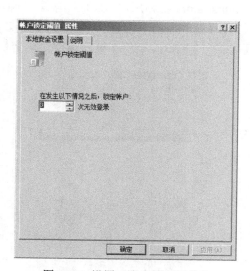

图 8-33 设置"账户锁定阈值"

（2）双击"账户锁定时间"，将显示如图 8-34 所示的对话框，在其中设置账户锁定时间为 40 分钟，单击"确定"按钮开启该策略。

（3）双击"复位账户锁定计数器"，将显示如图 8-35 所示的对话框，在其中设置复位账户锁定计数器为 20 分钟，单击"确定"按钮开启该策略。

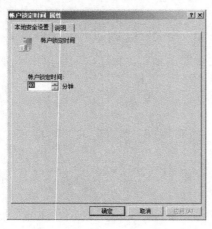

图 8-34　设置"账户锁定时间"

图 8-35　设置"复位账户锁定计数器"

步骤 3　设置用户权限分配

通过用户权限分配，可以为某些用户和组授予或拒绝一些特殊的权限，常用的用户权限分配的安全策略有：允许本地登录、关闭系统和从网络访问此计算机等。

本步骤中我们要设置如下用户权限分配：仅允许超级用户组 Administrators 成员和销售部长 XSBZ 能在服务器本地登录，拒绝部门其他账户本地登录服务器，只有超级用户组 Administrators 成员能关闭本服务器，所有账户都能通过网络访问本服务器。具体操作步骤如下：

（1）在"本地安全策略"窗口，选择"本地策略"下的"用户权限分配"。

（2）双击"允许在本地登录"，将显示如图 8-36 所示的对话框，通过添加和删除操作，选择 Administrators 组和账户 XSBZ，单击"确定"按钮设置好允许在服务器本地登录的权限。

（3）双击"拒绝本地登录"，将显示如图 8-37 所示的对话框，通过添加和删除操作，选择部门职员账户 XS01、XS02 等，单击"确定"按钮，设置好拒绝在服务器本地登录的权限。

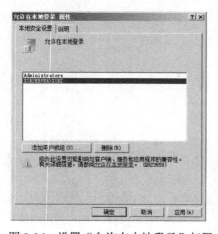

图 8-36　设置"允许在本地登录"权限

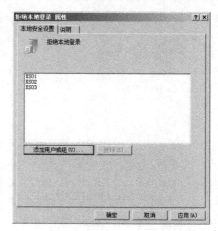

图 8-37　设置"拒绝本地登录"权限

注意

如果账户同时受制于"拒绝本地登录"策略和"允许本地登录"策略，则拒绝权限会取代后者。

（4）双击"关闭系统"，将显示如图 8-38 所示的对话框，通过添加和删除操作，选择 Administrators 组，单击"确定"按钮，设置好关闭服务器系统的权限。

（5）双击"从网络访问此计算机"，将显示如图 8-39 所示的对话框，添加"Everyone"，单击"确定"按钮允许本计算机上的所有用户能通过网络访问此计算机。

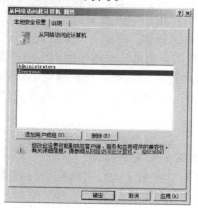

图 8-38　设置"关闭系统"权限　　　　图 8-39　设置"关闭系统"权限

本地安全策略的设置还有很多，需要我们不断学习和提高。

知识链接

1. 密码策略

密码必须符合复杂性要求：密码复杂性要求是指密码中必须包含以下（英文大写字母；英文小写字母；10 个基本数字；特殊符号，例如@!$#）四类字符中的三类字符。

密码长度最小值：密码的最小字符个数，设置范围 0～14，设置为 0，表示不要求设置密码。

密码最长使用期限：指密码使用的最长时间，设置为 0 天，表示密码永不过期。

密码最短使用期限：此安全设置确定在用户更改某个密码之前至少使用该密码的天数。可以设置一个 1～998 之间的值，或者将天数设置为 0，表示可以随时更改密码。

强制密码历史：指多少个最近使用过的密码不允许再使用。设置范围在 0～24 之间，默认值为 0，代表可以随时使用过去使用的密码。

用可还原的加密来存储密码：指密码的存储方式是否用可以还原的加密方式存储。默认情况下，存储的密码只有操作系统能够访问，如果某些应用程序需要直接访问某个账户的密码，则必须将此策略启用。此策略的应用会使安全性降低，所以一般不启用。

2. 账户锁定策略

账户锁定策略是指当用户输入错误密码的次数达到一个设定值时，就将此账户锁定。锁定的账户暂时不能登录，只有等超过指定时间自动解除锁定或由管理员手动解除锁定。账户锁定策略包括下面三个设置：

账户锁定阈值：指用户输入几次错误密码后，将用户账户锁定。设置范围为 0～999，默认值为 0，代表不锁定账户。

账户锁定时间：指当用户账户被锁定后，多长时间后自动解锁，单位为分钟，设置范围为 0～99999，0 代表必须由管理员手动解锁。

复位账户锁定计数器：指用户输入密码错误开始计数时，计数器保持的时间。但该时间过后，计数器将复位 0。如果定义了账户锁定阈值，则该复位时间必须小于或等于账户锁定时间。

3．用户权限分配策略

从网络访问此计算机：默认情况下任何用户都可以从网络访问计算机，可以根据实际需要撤销某用户或某组账户从网络访问计算机的权限。

拒绝从网络访问这台计算机：如果某些用户只在本地使用，不允许其通过网络访问此计算机，就可以将此用户加入此策略中。

允许在本地登录：确定了可交互式登录到该计算机的用户。要在计算机登录，就需要用户拥有此登录的权限。另外，一些能使用户进行登录的服务或管理应用程序可能也需要此登录权限。

拒绝本地登录：此安全设置确定阻止哪些用户登录到该计算机。

关闭系统：如果希望普通用户具有关闭计算机的权限，可以将其加入此策略。

◼ 任务拓展

1．设置服务器安全选项

配置服务器安全选项，可增强服务器的安全性。

请尝试在服务器上设置"安全"选项，使得不显示上一次登录的用户名，重命名系统管理员账户名为 superuser，使用空白密码的用户只允许进行控制台登录，提示用户在密码过期之前 5 天更改密码等。

2．设置软件限制策略

软件限制策略提供了一种体制，用于指定允许执行哪些程序及不允许执行哪些程序，可帮助计算机免遭一些恶意代码的攻击，是增强服务器安全的重要工具。

尝试在服务器上设置软件限制策略，使用哈希规则禁止运行 Windows 自带的 IE 浏览器程序，使用目录规则禁止 C:\EXE 文件夹下的程序运行。

◼ 任务评价

通过本任务的学习，给自己的学习情况打个分吧。

评价指标	评价内容	掌握情况		
		掌握	需复习	需指导
知识点	本地安全策略			
	账户密码策略			
	账户锁定策略			
	用户权限分配			
技能点	实训环境的搭建			
	开启本地安全策略			
	设置密码策略			
	设置账户锁定策略			
	设置用户权限分配			
综合自评	满分 100 分			
综合他评	满分 100 分			

工作任务 4   服务器性能的监测

任务背景

　　海华实业投入了大量的人力和物力搭建了公司计算机网络，配置了不少服务器和客户机，实现了办公信息化，公司的运营效率得到了大幅度提高。但由于信息化办公对服务器的依赖性，使得维持服务器的稳定、正常工作成了公司的重点工作。对服务器的性能和运作情况进行实时监测，也成了相关职员必须掌握的技能。请网络管理员帮忙解决：如何对服务器的性能和运作情况进行实时监测？

任务分析

　　Windows Server 2008 有多种服务器性能检测途径。在"任务管理器"中的多个选项卡可对服务器的多个性能（如 CPU 时间、内存、正在运行的进程、联网等）进行简单监测。系统自带的"资源监视器"可对 CPU、磁盘、网络、内存等进行较详细的监测。也可以在"可靠性和性能监视器"中进行各项专业的性能监测。

任务准备

　　（1）学生一人一台计算机，计算机内预装 Oracle VM VirtualBox 虚拟机软件，预装完毕的 Windows Server 2008 和 Windows 7 虚拟机系统各一，并在虚拟机中挂载 Windows Server 2008 和 Windows 7 操作系统安装光盘镜像。

　　（2）打开 VirtualBox 虚拟机软件，打开预装的 Windows Server 2008 和 Windows 虚拟机操作系统。

　　（3）设置两台虚拟机的网络连通并测试正常，并在服务器上配置启用 WWW、FTP 等服务，然后从 Windows 客户机上访问（如上传或者下载一个大文件，模拟产生网络流量、磁盘读写等服务器日常运营工作），方便测试。详细设置参考图 8-40。

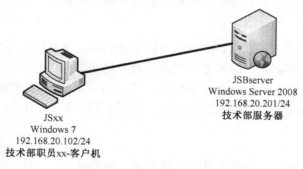

JSBserver
Windows Server 2008
192.168.20.201/24
技术部服务器

JSxx
Windows 7
192.168.20.102/24
技术部职员xx-客户机

图 8-40   实训网络拓扑图

任务实施

步骤 1　　使用"Windows 任务管理器"对服务器进行简单的性能监视

　　"Windows 任务管理器"提供了有关计算机性能的信息，并显示了计算机上所运行的程序和进程的详细信息。可以使用任务管理器监视计算机的性能或者关闭没有响应的程序。

使用系统管理员账户本地登录服务器 JSBserver，使用鼠标右键单击任务栏空白处，在弹出的快捷菜单中选择"启动任务管理器"，然后弹出如图 8-41 所示的"Windows 任务管理器"窗口，其中有"应用程序"、"进程"、"服务"、"性能"、"联网"、"用户"六个选项卡，图中显示的为"进程"选项卡，其中以列表方式显示了系统当前正在运行的所有进程，有些时候（如中了木马病毒、机器变慢等），我们可以从中发现一些运行中的不正常进程，选择并单击"结束进程"按钮关闭它。

在"任务管理器"窗口中选择"性能"选项卡，即可显示如图 8-42 所示的窗口。在其中，任务管理器提供了 CPU 使用（显示为 58%）和内存使用（PF 使用，显示为 579MB）两个主要的实时图形窗口，并以曲线的形式显示当前 CPU 的使用率和物理内存的占用量。

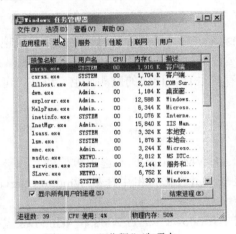

图 8-41　"进程"选项卡

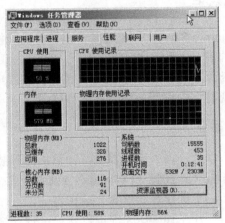

图 8-42　"性能"选项卡

提示

通常情况下，网络管理员只需要了解有关 CPU 和内存的实时情况即可基本掌握服务器的运行情况，所以使用任务管理器进行简单的性能监视是比较快捷且不错的选择。

在任务管理器的下方，还显示了内存使用的详细信息，如物理内存和核心内存的使用情况（总数、已缓存和可用的容量），以及系统中线程数和进程数等信息。

双击窗口中的图形部分，系统将以详细模式显示当前 CPU 的占用情况。如图 8-43 所示，左侧柱型图显示实时的 CPU 使用率，右侧曲线显示使用率的历史情况。

提示

一般 CPU 使用在 0%～75%之间波动比较正常，如长期处于 90%以上，则表示系统处于异常情况。可能系统存在病毒、木马，也可能是由防杀毒软件或服务器性能过差造成的。

这些数据可为服务器的排错和性能分析提供可靠依据，例如 CPU 或内存使用率经常居高不下，则系统内可能存在占用较多系统资源的程序或病毒，可能要进行杀毒或服务器升级了。

在"Windows 任务管理器"窗口中选择"联网"选项卡，即可显示如图 8-44 所示的窗口。

在其中，任务管理器提供了网卡"本地连接"的实时使用情况。

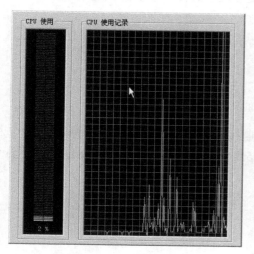

图 8-43 CPU 使用详细情况

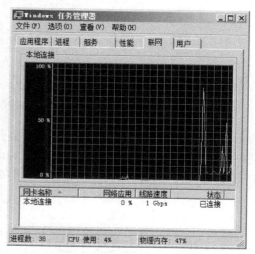

图 8-44 任务管理器的"联网"选项卡

 使用"资源监视器"进行性能监控

在如图 8-42 所示的"Windows 任务管理器"窗口的"性能"选项卡中，单击其中的"资源监视器"按钮，将出现如图 8-45 所示的"资源监视器"窗口。在其中的"资源概述"部分列出了包括 CPU、磁盘、网络、内存的基本信息及图形方式显示的实时情况。

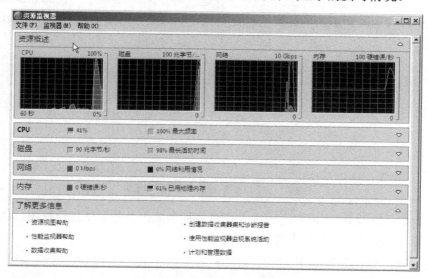

图 8-45 "资源监视器"窗口

单击 ▽ 展开"CPU"选项卡，可监视当前 CPU 正在处理的进程、服务、关联的句柄和模块等内容，如图 8-46 所示，其中进程号为 2096 的 IIS 应用程序管理器程序 inetinfo.exe 的一个进程当前拥有 12 个线程，占用的平均 CPU 利用率为 1.85。

映像	PID	描述	线程数	CPU	平均 CPU
perfmon.exe	1708	可靠性和性能监视器	9	6	1.97
inetinfo.exe	2096	Internet Information Services	12	0	1.85
System	4	NT Kernel & System	98	9	1.69
taskmgr.exe	412	Windows 任务管理器	6	0	0.05
svchost.exe (LocalServiceNoNetwork)	1104	Windows 服务主进程	18	2	0.03
csrss.exe	504	客户端服务器运行时进程	8	0	0.03

图 8-46 资源监视器的"CPU"选项卡

　　展开如图 8-47 所示的"磁盘"选项卡，可监视当前磁盘活动的进程及对应磁盘的读写速度等实用信息。其中进程号为 4 的进程向 C:\inetpub\ftproot\文件夹写入文件 winxpsp3.gho 的速度为 715160817 字节/分，读的速度为 0 字节/分。

映像	PID	文件	读字节/分	写字节/分
System	4	C:\inetpub\ftproot\WINXPSP3.GHO	0	715,160,817
w3wp.exe	2968	C:\Windows\System32\inetsrv\iiscore.dll	24,576	0
System	4	C:\$LogFile (NTFS 卷日志)	0	2,340,358
System	4	C:\inetpub\logs\LogFiles\W3SVC1\u_ex141010.log	2,048	6,656
perfmon.exe	1708	C:\Windows\Fonts\msyh.ttf	192,512	0
svchost.exe (L...	920	C:\Windows\ServiceProfiles\LocalService\AppData\Local\lastlive0.dat	0	512
System	4	C:\inetpub\ftproot\XP_SETUP.exe	0	2,954,240
System	4	C:\$Mft (NTFS 主文件表)	0	20,436
System	4	C:\$BitMap (NTFS 可用空间映射)	0	90,112

图 8-47 资源监视器的"磁盘"选项卡

　　展开如图 8-48 所示的"网络"选项卡，监视服务器的网络使用情况。主要显示当前网络活动的进程、连接的 IP 地址及对应的发送/接收速度等信息。其中的一个 inetinfo.exe 进程，正在与 IP 地址为 192.168.20.101 的计算机进行交互，发送数据的速度为 478 字节/分，接收的速度为 1209732244 字节/分，总速度为 1209732722 字节/分。

映像	PID	地址	发送字节/分	接收字节/分	总数字节/分
inetinfo.exe	2096	192.168.20.101	478	1,209,732,244	1,209,732,722
System	4	192.168.20.101	2,761	3,240	6,001

图 8-48 资源监视器的"网络"选项卡

　　展开如图 8-49 所示的"内存"选项卡，可监视当前内存的具体使用情况，将显示当前内存中正在处理的进程及物理内存的具体使用信息。

映像	PID	硬错误	提交(KB)	工作集(KB)	可共享(KB)	专用(KB)
InetMgr.exe	464	0	42,780	48,008	32,120	15,888
svchost.exe (netsvcs)	992	0	21,312	30,672	16,788	13,884
explorer.exe	1672	0	21,272	34,812	22,212	12,600
inetinfo.exe	2096	0	12,328	20,820	10,740	10,080
svchost.exe (NetworkService)	508	0	14,924	18,292	10,392	7,900
SLsvc.exe	1004	0	7,360	12,496	5,744	6,752
HelpPane.exe	3028	0	9,360	21,628	15,348	6,280
perfmon.exe	1708	1	7,444	13,116	7,424	5,692
svchost.exe (iissvcs)	1384	0	6,224	10,728	5,492	5,236
svchost.exe (apphost)	1292	0	5,948	10,944	5,860	5,084

图 8-49 资源监视器的"内存"选项卡

知识链接

1．Windows 任务管理器

任务管理器显示计算机上当前正在运行的程序、进程和服务。可以使用任务管理器监视计算机的性能或者关闭没有响应的程序。

如果您与网络连接，还可以使用任务管理器查看网络状态以及查看您的网络是如何工作的。如果有多个用户连接到您的计算机，您可以看到谁在连接、他们在做什么，还可以给他们发送消息。

2．资源监视器

Windows 资源监视器是一个功能强大的系统工具，用于实时查看有关硬件（CPU、内存、磁盘和网络）和软件（文件句柄和模块）资源使用情况的信息，用来了解进程和服务如何使用系统资源，帮助分析没有响应的进程，确定哪些应用程序正在使用文件，以及控制进程和服务。

任务拓展

Windows 可靠性和性能监视器是一个 Microsoft 管理控制台（MMC）管理单元，提供用于分析系统性能的工具。仅从一个单独的控制台，即可实时监视应用程序和硬件性能，自定义要在日志中收集的数据，定义警报和自动操作的阈值，生成报告以及以各种方式查看过去的性能数据。

Windows 可靠性和性能监视器组合了以前独立工具的功能，包括性能日志和警报（PLA）、服务器性能审查程序（SPA）和系统监视器。它提供了自定义数据收集器集和事件跟踪会话的图表界面。以管理员身份登录计算机，依次单击"开始"→"管理工具"→"可靠性和性能监视器"，即可打开"可靠性和性能监视器"窗口。

Windows 可靠性和性能监视器包括以下三个监视工具：资源视图、性能监视器和可靠性监视器，如图 8-50 所示就是其中的性能监视器。

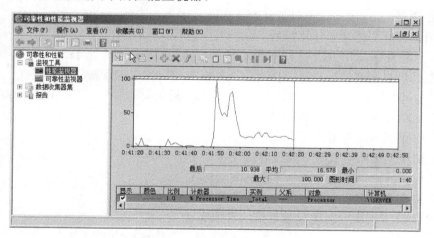

图 8-50　"性能监视器"工具

Windows 可靠性和性能监视器的主页是资源视图屏幕（即前面所使用的资源监视器）。当以本地 Administrators 组的成员身份运行 Windows 可靠性和性能监视器时，可以实时监控 CPU、磁盘、网络和内存资源的使用情况和性能，可通过展开四个资源获得详细信息（包括哪些进程使用哪些资源）。

性能监视器以实时或查看历史数据的方式显示了内置的 Windows 性能计数器。可以用添加计数器的方式将各性能监视对象的各个性能计数器（如处理器对象 Processor 的%%Processor Time 计数器）添加到性能监视器，然后就可以使用性能监视器直观地查看性能日志数据的多个图表视图。也可以在性能监视器中创建自定义视图，该视图可以导出为数据收集器集以便与性能和日志记录功能一起使用。

可靠性监视器提供系统稳定性的大体情况以及趋势分析，具有可能会影响系统总体稳定性的个别事件的详细信息，例如软件安装、操作系统更新和硬件故障。该监视器在系统安装时开始收集数据。

◐任务评价

通过本任务的学习，给自己的学习情况打个分吧。

评价指标	评价内容	掌握情况		
		掌握	需复习	需指导
知识点	常见计算机性能指标			
技能点	使用任务管理器监测性能			
	使用资源管理器监测性能			
	使用可靠性监视器监测性能			
	使用性能检测器监测性能			
综合自评	满分 100 分			
综合他评	满分 100 分			

思考与练习

一、选择题

1. 使用远程桌面连接上计算机后，我们可以进行（　　）。
   A. 运行程序　　　B. 文件复制　　　C. 关闭系统　　　D. 以上三项均可以

2. 建立远程桌面连接后，可以在远程计算机中使用的本地设备和资源有（　　）。
   A. 打印机　　　B. 剪贴板　　　C. 磁盘驱动器　　　D. 以上均可以

3. 防火墙（firewall）的作用是（　　）。
   A. 防止网络硬件着火
   B. 防止网络系统被破坏或被非法使用
   C. 保护外部用户免受网络系统的病毒侵入
   D. 检查进入网络中心的每一个人，保护网络

4. 在个人计算机中安装防火墙系统的目的是（　　）。
   A. 保护硬盘　　　　　　　　　　　B. 使计算机绝对安全
   C. 防止计算机病毒和黑客　　　　　D. 保护文件

5. 默认情况下，Windows Server 2008 的"资源监视器"不能显示以下的（　　）相关信息。
   A. CPU　　　B. 磁盘　　　C. 网络　　　D. 已登录用户

6. 对于性能监视器的使用说法正确的是（　　）。

A．可以进行系统瓶颈的分析　　　B．可以进行系统故障的排查

C．可以对系统能力进行评价　　　D．以上三项均可以

7．当开启"密码必须符合复杂性要求"时，要求用户密码必须同时包含大写英文字母、小写英文字母、数字和非字母字符四类中的（　　　）类。

A．一类　　　　B．两类　　　　C．三类　　　　D．四类

8．你是一台系统为 Windows Server 2008 的计算机的系统管理员，出于安全性的考虑，你希望使用这台计算机的用户账号在设置密码时不能重复前 5 次的密码，应该采取的措施是（　　　）。

A．制定一个行政规定，要求用户不得使用前 5 次的密码

B．设置计算机本地安全策略中的安全选项，设置"账户锁定时间"的值为 5

C．设置计算机本地安全策略中的密码策略，设置"密码最长存留期"的值为 5

D．设置计算机本地安全策略中的密码策略，设置"强制密码历史"的值为 5

二、填空题

1．在 Windows 7 运行命令＿＿＿＿＿＿＿可打开"远程桌面连接"对话框。

2．远程桌面使用的默认端口号是：＿＿＿＿＿＿。

3．一般情况下，只要将用户账户加入用户组＿＿＿＿＿＿，该账户即可具有通过远程桌面访问的权限。默认情况下，Administrators 组内的成员＿＿＿＿＿＿（是/否）拥有远程连接的权限。

4．防火墙的英文名为：＿＿＿＿＿＿。

5．HTTP 协议的默认端口是＿＿＿＿＿＿；FTP 协议的默认端口是＿＿＿＿＿＿；POP 协议的默认端口是＿＿＿＿＿＿；远程桌面使用的默认端口是：＿＿＿＿＿＿。

6．如账户不要求密码，可在设置密码策略时，设置密码长度最小值为：＿＿＿＿＿＿。

7．设置用户权限分配中的＿＿＿＿＿＿＿＿＿＿＿＿＿策略，可限制用户本地登录到服务器。

三、简答题

1．简述远程管理的原理，并说明控制端和被控端的关系。

2．列举常用的密码策略。

3．列举常用的用户权限分配安全策略。

4．列举常见的服务器性能参数。

5．如系统显示服务器的 CPU 使用率长时间处于 100%状态，可能的原因有哪些？

四、实训题

尝试搭建由一台 Windows Server 2008 服务器和一台以上 Windows 7 工作站组成的虚拟局域网实训环境，并在此网络中完成如下工作任务：

1．使用远程桌面将服务器当前的 CPU 使用率抓图保存到工作站上的 C 盘根目录，命名为"服务器当前 CPU 使用率.jpg"。

2．仅允许网络（如 192.168.10.0/24 网段）中的计算机能访问服务器的 FTP 服务。

3．禁止网络中的所有计算机 PING 服务器，但允许服务器 PING 其他计算机。

4．提高服务器安全性，仅允许系统管理员组成员能本地登录服务器。

5．服务器中所有用户密码必须包含英文大写字母、英文小写字母、数字和特殊字符中的三类字符；密码长度至少 10 位；密码连续输入错误 5 次后锁定账户。

项目 9

综合实训

项目 9 任务分解图如图 9-1 所示。

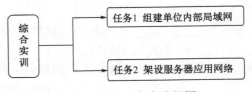

图 9-1　项目 9 任务分解图

　　在前面的项目 1 到项目 8 中，我们通过一个个实训任务，逐步了解了计算机网络的基础知识，掌握了 Windows Server 2008 网络操作系统和 Windows 7 操作系统的安装与基本配置，能使用 Windows Server 2008 操作系统进行本地用户和组、NTFS 安全权限的管理、文件夹和打印机的共享，能搭建并配置管理 DHCP、DNS、WEB、FTP 服务器为客户机提供服务。但在实际网络服务器的搭建、配置和管理中，往往需要的是多种技术和功能的综合。本项目将通过两个综合实训任务的实施，让大家了解并学习实际生产应用中的服务器搭建与管理。

　　通过本项目的学习，要求大家认真阅读理解企业的实际需求，然后根据需求分析、规划，最终按规划完成实训任务。

工作任务 1　组建单位内部局域网

任务背景

　　海华实业的生产部由于信息化办公的需求，要求搭建一台服务器实现生产部内部职员之间的文件传递。具体要求如下：

　　（1）生产部成员有生产部长和职员若干（任务中以生产部长 1 人、职员 5 人为例），每个人在服务器上都有一个私人文件夹，用于存放、管理各自私人的办公资料（含文件夹和各类文件）。

（2）生产部成员不能进入他人私有的文件夹中查看资料。

（3）服务器上有一个公用文件夹用于让生产部长发布、管理一些部门内公用的资料，生产部的其他成员只能进入该文件夹查看、下载，但不能修改、删除资料。

（4）服务器上另有一个公用文件夹用于让生产部长查看、收取生产部内其他成员上交的汇报资料。生产部内其他成员都能进入文件夹上交汇报资料，并修改删除自己上交的资料，但不能查看其他人上交的资料。

（5）除生产部成员和系统管理员组 Administrators 成员外，其他用户不能访问以上文件夹。

（6）系统管理员组 Administrators 成员能对所有文件夹进行管理控制；生产部成员只能在以上授权的文件夹中进行授权操作，不能删除和修改以上建立的私有和公用文件夹。

（7）部门内有两台型号相同的打印机，供所有生产部成员进行共享打印。要求部长有打印、管理打印机和管理文档的权限，而部门职员只有打印权限。

请网络管理员安装并配置网络服务器，满足生产部信息化办公的需求。

任务分析

在中小型企业内部局域网中进行简单的文件传递，一般只需要搭建文件服务器即可。关键在于如何规划设置共享文件夹、设置用户和组的 NTFS 安全权限来满足企业具体的需求。而搭建打印服务器的关键在于打印机的安装、配置和共享，以及权限的相关设置。

任务实施

步骤 1 规划并搭建实训网络

（1）在图 9-2 中标出 Windows Server 2008 文件/打印服务器和 Windows 7 客户机的计算机名、IP 地址、子网掩码等配置信息。

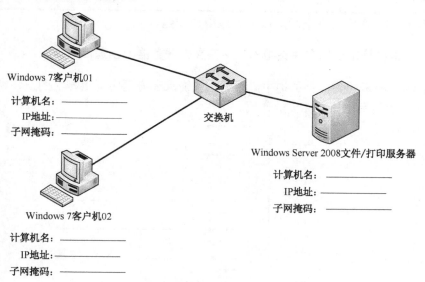

图 9-2　实训网络拓扑图

提示

为避免重复、方便绘制和实验，图中以一台服务器和两台客户机为例，可根据实际情况可对客户机的数量进行合理的调整。

（2）根据规划，连接好网络设备，安装好服务器和客户机操作系统。

（3）根据规划，设置好服务器和客户机的计算机名、IP 地址、子网掩码等网络属性，实现各个计算机间的连通。

步骤 2　按需求规划用户和组，并在服务器上添加

（1）在表 9-1 中填入各个部门成员对应的用户名和密码。

表 9-1

部门成员	用户名	密码
生产部长		
生产部职员 01		
生产部职员 02		
生产部职员 03		
……		

（2）在表 9-2 中填入需要建立的用户组名及其包含的用户成员。

表 9-2

组名	组内包含的用户	描述
……		

（3）根据规划，在服务器上添加以上本地用户和组。

步骤 3　根据需求规划文件夹结构，并在文件服务器上创建目录树

（1）在图 9-3 所示的文件夹结构中，根据企业需求在方框中写上相应的文件夹名称，然后在对应的横线上简要写出该文件夹的作用。

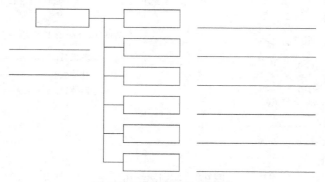

图 9-3　文件夹结构规划图

（2）根据规划，在服务器的 NTFS 分区新建如图所示的文件夹结构。

步骤 4　根据需求设置文件夹共享，并设置权限

根据企业需求，在服务器上将文件夹＿＿＿＿＿＿＿＿＿＿＿＿设置为共享，并设置共享权限为：

＿＿＿＿＿＿＿＿＿＿＿＿＿＿＿＿＿＿＿＿＿＿＿＿＿＿＿＿＿＿＿＿＿。

步骤 5　根据需求规划各个文件夹的 NTFS 安全权限

（1）结合图 9-3 所示的文件夹结构规划图，在表 9-3 中填入相应的文件夹名，并填入各个文件夹要设置的 NTFS 权限。

表 9-3

文件夹名	对应的 NTFS 权限（格式：用户或组，具有的权限）

（2）根据规划，在服务器上设置各个文件夹的 NTFS 安全权限。

步骤 6　在服务器上添加、安装打印池，并共享

（1）在服务器上添加本地打印机，并设置为共享打印机。完成以下填空：

计划添加的打印机的厂商是：＿＿＿＿＿＿＿＿，型号是：＿＿＿＿＿＿＿＿＿＿＿＿，连接的端口号是：＿＿＿＿＿＿，打印机名设置为：＿＿＿＿＿＿＿＿＿＿＿＿＿，共享名为：＿＿＿＿＿＿＿＿＿＿。

（2）按需求，设置打印机的共享权限。并填写表 9-4 中的内容：

表 9-4

用户或组	具有的权限

（3）在服务器上设置打印池。完成以下填空：

该打印池中包含了＿＿＿＿台物理打印设备，分别连接在服务器的＿＿＿＿＿＿＿＿端口。

步骤 7　在客户机上分别使用不同的用户名访问文件服务器，测试效果是否符合需求

步骤 8　在客户机上连接安装打印机，测试效果是否符合需求

任务评价

通过本任务的学习，给自己的学习打个分吧。

评价指标	评价内容	掌握情况		
		掌握	需复习	需指导
技能点	按需求规划实训网络			
	安装、连接实训网络			
	规划并添加用户和组			
	规划文件服务器结构			
	规划文件服务器权限			
	配置文件共享与权限			
	安装配置共享打印机			
	设置打印池			
	设置打印机权限			
综合自评	满分 100			
综合他评	满分 100			

工作任务 2　架设服务器应用网络

任务背景

海华实业由于业务扩展，销售部人员大量增加，公司对部门内的信息化设备进行了重新整合。目前已经重新组建了销售部的内部局域网，安装了一台 Windows Server 2008 服务器和若干台 Windows 7 客户机，并在服务器上创建了相关用户账户（销售部长账户 XSBZ，销售部职员账户 XS01、XS02、XS03……）。现在要求在服务器上搭建网络应用服务，实现如下功能：

（1）为方便销售部门 IP 地址资源的管理和合理利用，希望能自动为部门职员的计算机分配 192.168.30.0/24 网段中的 IP 地址，其中 192.168.30.201-192.168.30.210 保留给服务器及以后扩展使用，要求指定销售部长的计算机自动获得指定 IP 地址 192.168.30.88，所有计算机的网关为 192.168.30.1，DNS 服务器指定为部门内部的 DNS 服务器。

（2）销售部提供了很多服务，但服务器的 IP 地址比较难记忆。希望部门职员能通过域名 www.hhsyxsb.com 访问销售部首页，通过域名 oa.hhsyxsb.com 访问 asp 版办公自动化系统，通过域名 ftp.hhsysxb.com 访问部门的 FTP 服务器。

（3）在一台服务器上搭建两个 HTTP 站点。其中一个是销售部的 WWW 静态宣传网站，通过域名 www.hhsyxsb.com 访问，首页显示内容为："欢迎来到海华实业销售部首页！"；另一个是销售部的 asp 版办公自动化系统，通过域名 oa.hhsyxsb.com 访问，首页显示内容为"你现在访问的是：海华实业办公系统"，并显示当前时间。

（4）销售部职员能从服务器上下载销售部长上传的部门资料，但不能删除、修改。

任务分析

在本任务中，只需要根据需求搭建 DHCP 服务实现 IP 地址的自动分配，搭建 DNS 服务器并添加记录实现部门内部的域名解析，搭建 WWW 服务器并发布 2 个网站以实现不同 Web 应用，搭建并配置 FTP 服务器实现部门内文件的上传和下载。

任务实施

步骤 1　规划并搭建实训网络

（1）在图 9-4 中标出 Windows Server 2008 服务器的计算机名、IP 地址、子网掩码及需要提供的服务和 Windows 7 客户机的计算机名。

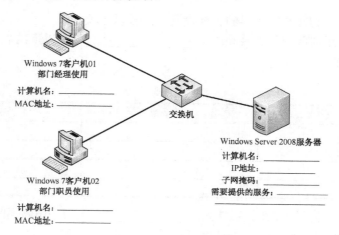

Windows 7客户机01
部门经理使用

计算机名：_____
MAC地址：_____

交换机

Windows Server 2008服务器
计算机名：_____
IP地址：_____
子网掩码：_____
需要提供的服务：_____

Windows 7客户机02
部门职员使用

计算机名：_____
MAC地址：_____

图 9-4　实训网络拓扑图

（2）根据规划，连接好网络设备，安装好服务器和客户机操作系统。

（3）根据规划，设置好服务器的计算机名、IP 地址、子网掩码和客户机的计算机名。查看客户机的 MAC 地址并在记录在图 9-4 中。

（4）在服务器上添加销售部各成员的账户，如销售部长账户 XSBZ，销售部职员账户 XS01、XS02、XS03……。

步骤 2　规划、安装与配置 DHCP 服务器

（1）根据需求规划 DHCP 服务器的主要设置。完成以下填空：

需要添加的作用域名称为：_____；作用域 IP 地址范围为：_____ —_____；排除地址为：_____—_____；保留地址为：_____，对应 MAC 地址为_____的计算机；默认网关指定为：_____；DNS 服务器指定为：_____。

（2）在服务器上安装 DHCP 服务器。并按规划完成作用域的设置并激活作用域。

（3）在 Windows 7 客户机上设置本地连接为自动获取 IP 地址、自动获取 DNS 服务器地址，检测效果，并记录在以下的表 9-5 中，判断是否完成需求。

表 9-5

属性	部门经理用客户机	部门职员用客户机
计算机名		
MAC 地址		

续表

属性	部门经理用客户机	部门职员用客户机
IP 地址		
子网掩码		
默认网关		
DNS 服务器		

步骤 3 规划、安装与配置 DNS 服务器

（1）根据需求规划 DNS 服务器的主要设置。完成以下填空：

① 需要新建的正向区域的域名为：_____。在以下的表 9-6 中列出需在正向区域中添加的记录。

表 9-6

记录名称	记录类型	记录数据

② 需要新建的反向区域的网络 ID 为：_____。在以下的表 9-7 中列出需在反向区域中添加的指针（PTR）。

表 9-7

指针名称	指针类型	指针数据

（2）在服务器上安装并配置 DNS 服务器，按规划建立正向和反向区域，并添加需要的正向记录和反向指针。

（3）使用 nslookup、ping 命令等方式在客户机上测试 DNS 解析效果，填写以下的表 9-8，检查各个域名解析获得的 IP 地址是否符合企业需求。

表 9-8

域名	对应的 IP 地址	是否符合需求
www.hhsyxsb.com		□是　　□否
oa.hhsyxsb.com		□是　　□否
ftp.hhsyxsb.com		□是　　□否

步骤 4 规划、安装与配置 WWW 服务器

（1）根据需求规划 WWW 服务器的主要设置，并完成以下填空：

①　销售部静态宣传网站，配置站点名为：＿＿＿＿＿＿＿＿＿＿＿＿＿＿＿；访问域名为：
＿＿＿＿＿＿＿＿＿；绑定的 IP 地址为：＿＿＿＿＿＿＿＿＿＿＿＿，端口号为：＿＿＿＿＿＿；网站所
在目录为：＿＿＿＿＿＿＿＿；网站默认首页文件名为：＿＿＿＿＿＿＿＿＿＿＿＿，文件内容为：
＿＿＿＿＿＿＿＿＿＿。

②　销售部 asp 版办公自动化系统，配置站点名为：＿＿＿＿＿＿＿＿＿＿＿；访问域名为：
＿＿＿＿＿＿＿＿＿；绑定的 IP 地址为：＿＿＿＿＿＿＿＿＿＿＿＿，端口号为：＿＿＿＿＿＿；网站所
在目录为：＿＿＿＿＿＿＿＿；网站默认首页文件名为：＿＿＿＿＿＿＿＿＿＿＿＿，文件内容为：
＿＿＿＿＿＿＿＿＿＿＿＿＿＿＿＿。

（2）在服务器上安装 WWW 服务器。并按规划完成两个站点的设置。

（3）在 Windows 7 客户机上是用 IE 浏览器，分别通过域名 www.hhsyxsb.comh 和 oa.hhsyxsb.com 访问两个站点，判断是否符合企业需求。

步骤 5　规划、安装与配置 FTP 服务器

（1）根据需求规划 FTP 服务器的主要设置，并完成以下填空：

①　FTP 站点命名为：＿＿＿＿＿＿＿＿；访问域名为：＿＿＿＿＿＿＿＿＿＿；绑定的 IP 地址
为：＿＿＿＿＿＿＿＿＿＿＿，端口号为：＿＿＿＿＿＿；FTP 站点主目录为：＿＿＿＿＿＿＿＿。

②　FTP 站点的访问权限为：＿＿＿＿＿＿＿＿＿＿＿＿＿＿＿＿＿＿＿。＿＿＿＿＿＿＿＿（是/否）允
许匿名访问。

③　FTP 主目录的 NTFS 安全权限为：＿＿＿＿＿＿＿＿＿＿＿＿＿＿＿＿＿＿＿＿＿＿＿＿＿＿＿
＿＿＿＿＿＿＿＿＿＿＿＿＿＿＿＿＿＿＿＿＿＿＿＿＿＿＿＿＿＿＿＿＿＿＿＿＿＿＿。

（2）根据规划，在服务器上建立 FTP 站点主目录，并安装 FTP 服务器。

（3）打开 IIS 管理软件，删除默认站点，按规划新建站点，并设置好 FTP 站点访问权限、
IP 地址、端口号、站点主目录等。

（4）根据规划设置 FTP 站点主目录的 NTFS 安全权限。

（5）在 Windows 7 客户机上分别使用销售部长账户 XSBZ 和部门职员账户 XS01 等登录该
FTP 站点，尝试上传、下载文件，并在表 9-9 中记录，判断是否符合企业需求。

表 9-9

登录的账户	（有/无）上传权限	（有/无）读取权限
XSBZ		
XS01		
XS02		

任务评价

通过本任务的学习，给自己的学习打个分吧。

评价指标	评价内容	掌握情况		
		掌握	需复习	需指导
技能点	按需求规划实训网络			
	安装、连接实训网络			
	规划 DHCP 服务器			

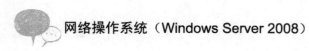

续表

评价指标	评价内容	掌握情况		
		掌握	需复习	需指导
技能点	安装配置 DHCP 服务			
	规划 DNS 服务器			
	安装配置 DNS 服务			
	规划 WWW 服务器			
	安装配置 WWW 服务			
	规划 FTP 服务器			
	安装配置 FTP 服务器			
	测试、验证应用服务			
综合自评	满分 100 分			
综合他评	满分 100 分			

反侵权盗版声明

电子工业出版社依法对本作品享有专有出版权。任何未经权利人书面许可，复制、销售或通过信息网络传播本作品的行为；歪曲、篡改、剽窃本作品的行为，均违反《中华人民共和国著作权法》，其行为人应承担相应的民事责任和行政责任，构成犯罪的，将被依法追究刑事责任。

为了维护市场秩序，保护权利人的合法权益，我社将依法查处和打击侵权盗版的单位和个人。欢迎社会各界人士积极举报侵权盗版行为，本社将奖励举报有功人员，并保证举报人的信息不被泄露。

举报电话：（010）88254396；（010）88258888
传　　真：（010）88254397
E-mail： dbqq@phei.com.cn
通信地址：北京市万寿路 173 信箱
　　　　　电子工业出版社总编办公室
邮　　编：100036